KB177479

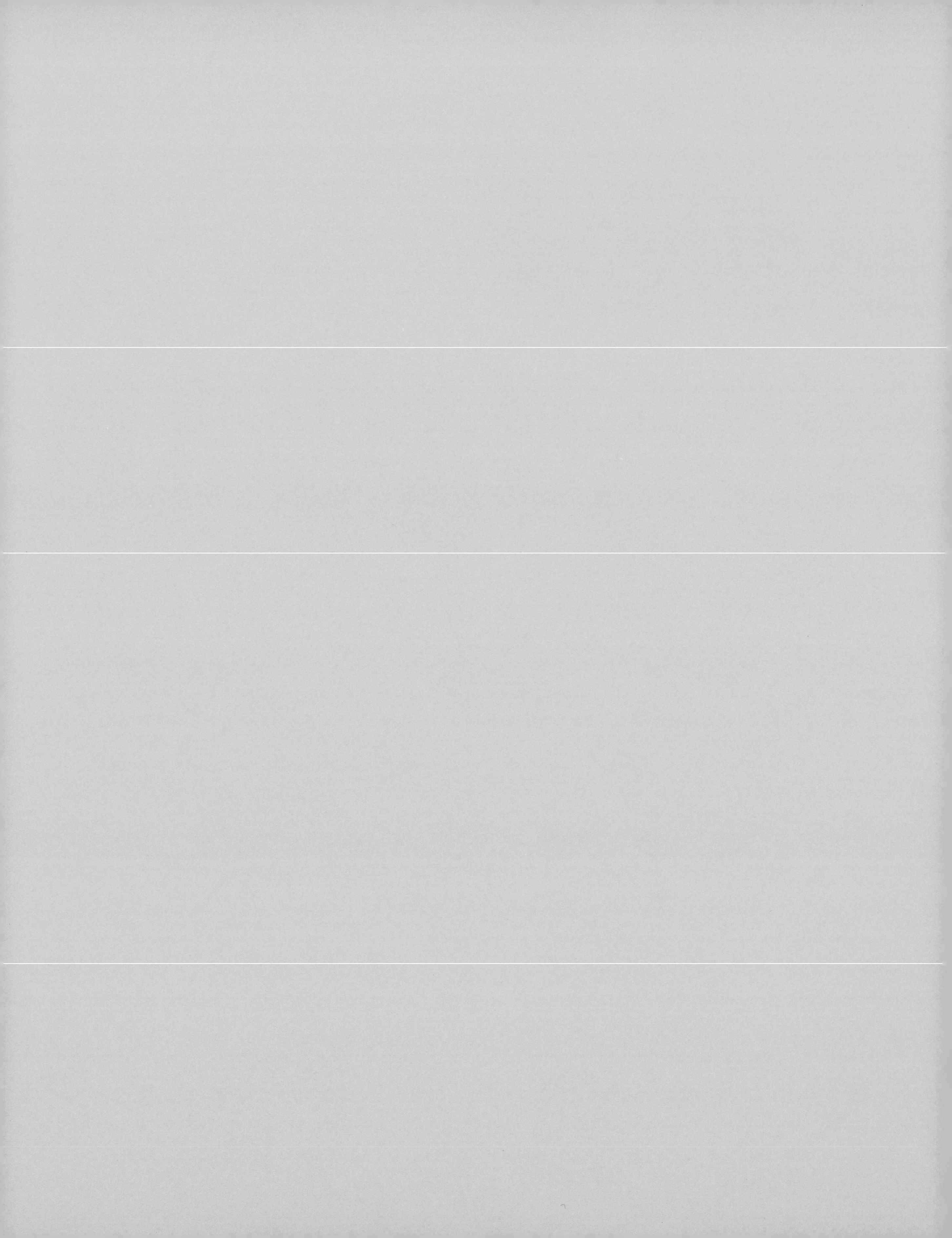

이렇게 맛있는

크루아상

Croissant

이렇게 맛있는

크루아상

Croissant

장 마리 라니오 · 제레미 볼레스터 지음

BnCworld

contents

prologue

맛있는 크루아상, 그리고 프랑스 셰프

프랑스의 상징적인 비엔누아즈리 크루아상.
장 마리와 제레미는 정통과 트렌디함을 완벽하게 갖춘 크루아상의 모든 것을 이 책에 담았습니다.
그들이 추구하는 크루아상의 맛이 한국 독자들에게 고스란히 전달되었으면 합니다.

Special Thanks

이 책을 출판하는 데 도움을 주신 SPC와 SPC 컬리너리 아카데미 관계자분들께 감사드립니다.

증조부가 제분업자였으나 그 자신이 제빵사가 되리라곤 생각지 못했다는 장 마리. 방학 때마다 동네 빵집을 빈번히 드나들며 빵을 배운 그는 고등학생이 되면서 빵집에서 수습을 시작했다. 이후 CAP(직업적성자격증), BEP(직업교육수료증), BP(전문기술자격증), 그리고 2010년 루앙 INBP(Institut National de la Boulangerie-Pâtisserie, 프랑스 국립제과제빵학교)에서 BM(전문과정자격증)을 취득했고 INBP의 교육팀에서 배움의 욕구와 열정으로 충만한 학생들을 가르쳤다. 2012년 토마 마리(Thomas Marie, 제빵 MOF)의 권유로 스위스 로잔호텔학교에서 3년 동안 교수로 근무, 2015년에는 MOF를 준비한다. 현재는 서울로 이주해 SPC 컬리너리 아카데미 INBP 마스터클래스를 4년째 맡고 있다.

2017년 6월, 동료인 토마 마리, 파트리스 미타이예와 공저로 『Le Grand Livre de la Boulangerie(빵에 관한 위대한 책)』를 출판했다.

장 마리 라니오
Jean-Marie Lanio

제레미 볼레스터
Jérémy Ballester

어릴 적 어머니 주위를 맴돌다가 식탁 위 밀가루로 창의적 반죽을 만들면서 빵의 세계에 발을 내딛었다는 제레미. 15살에 리옹의 콩파뇽 뒤 드부아(Compagnons du Devoir, 기술장인이 되고자 하는 이들을 지원하는 프랑스의 민간 교육기관)에서 제빵을 본격적으로 시작했고, 17살에는 CAP를 취득했다.

그 후 빵에 대한 모험심과 호기심으로 떠난 파리, 브뤼셀, 오슬로, 뉴질랜드, 두바이, 영국에서 새롭고 값진 경험을 쌓던 중 두바이에서 그의 마음을 빼앗은 여성을 위해 서울로 발걸음을 옮긴다. 결혼까지 이어지는 데는 오랜 시간이 걸리지 않았다고.

현재는 다양한 제빵 경험을 바탕으로 SPC 컬리너리 아카데미에서 프랑스 제빵 프로그램을 기획하고 학생들을 가르치는 일에 열정을 쏟고 있다. 2017년에는 배움에 대한 갈증으로 BP, BM을 취득하기 위해 INBP 교육을 받기도 했다. 태오의 아빠이기도 한 그는 아들에게도 제빵사의 길을 걷게 하고 싶은 바람이다.

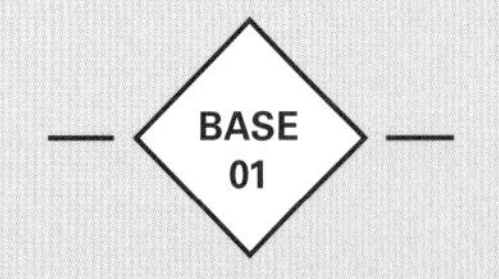

알고 먹으면 더 맛있는 크루아상

크루아상, 빵일까? 과자일까?

'프랑스빵' 하면 떠오르는 바게트와 크루아상.
그중 크루아상은 프랑스인들의 아침식사에 빠지지 않는 국민빵이다. 크루아상은 이스트를 넣어 발효시키기 때문에 빵으로 분류되지만 실제로는 과자빵에 가깝다. 프랑스에서는 이 과자빵을 비엔누아즈리(Viennoiseries)라고 부르며, 달걀과 버터, 우유, 설탕 등이 풍부하게 들어 있는, 빵과 과자의 중간적 위치에 있는 빵 모두를 총칭한다. 크루아상, 브리오슈, 팽 오 쇼콜라, 팽 오 레, 쇼송 오 폼므 등이 이에 속한다.

초승달을 닮은 크루아상

크루아상(Croissant)은 프랑스어로 초승달을 의미하며, 초승달을 닮은 모양에서 그 이름이 유래했다.
크루아상 탄생에 얽힌 가장 유명한 이야기는 1683년 오스만투르크 군대의 포위를 격파한 오스트리아 빈에서 어느 제빵사가 투르크군의 국기에 그려진 초승달을 본떠 만들었다는 설(說)이다. 1938년 알프레드 고트샤크와 오귀스트 에스코피에가 출간한 『라루스 미식사전(Larousse Gastronomique)』 초판본에 이 이야기가 실렸고 그 영향으로 널리 퍼지게 되었다. 이 책에서는 크루아상이 1686년 오스트리아의 합스부르크가(家)가 헝가리 부다페스트를 투르크군으로부터 탈환했을 당시 만들어진 것이 아니냐는 설도 함께 제기하고 있다. 하지만 『옥스퍼드 음식백과(Oxford Companion to Food)』의 저자 앨런 데이비슨은 현재와 같은 크루아상 레시피는 20세기 초반이 되어서야 비로소 처음 프랑스 요리서에 등장했고 그 이전의 요리서에는 흔적조차 없다고 주장했다. 즉, 17세기의 크루아상은 지금의 크루아상과는 전혀 다른 제법의 제품이었음을 짐작할 수 있다.

크루아상이 가장 맛있는 순간

크루아상은 언제 가장 맛있을까? 오븐에서 갓 구워져 나온 따끈따끈할 때가 아닌 2~3시간이 지난 후이다. 크루아상의 생명과도 같은 바삭함이 이때 정점에 이르기 때문인데, 수분이 적당히 증발한 바삭한 껍질과 촉촉한 속을 함께 맛볼 수 있다.
버터 향과 발효 향을 제대로 느끼고 싶다면 플레인 크루아상을 먼저 먹어볼 것을 추천한다. 물론 한 김 식혀 너무 뜨겁지 않아야 한다. 잼이나 꿀을 한 스푼 얹는 것도 크루아상을 맛있게 먹을 수 있는 팁이다.
보관할 때는 눅눅해지는 비닐 팩보다는 공기가 통하는 종이 봉투에 담아두는 것이 좋다. 냉동 보관도 가능한데, 하나씩 랩에 싸서 얼려 두었다가 먹을 때 실온에서 해동한 다음 오븐이나 토스터에 다시 살짝 데워 먹는 것이 좋다.

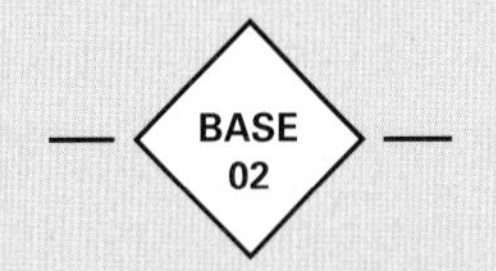

맛있는 크루아상이란?

맛있는 크루아상을 선별하는 세 가지 포인트

1er point

-

밀가루와 버터가 만들어 내는
겹겹의 풍성하고 또렷한 층

2^e^ point

-

좋은 버터에서 나오는
풍부한 향과 잘 숙성된 발효 향

3^e^ point

-

가볍고 바삭한 식감

맛있는 크루아상을 만들기 위한 세 가지 포인트

1er point

-

좋은 밀가루와 버터를 사용한다

[밀가루]

사실 빵 만들기에서 밀가루보다 중요한 재료는 없다. 이 책에서 소개하는 크루아상은 대부분 강력분과 프랑스밀가루(트레디션T65)를 섞어 사용하는데, 이는 강력분의 탄력과 프랑스밀가루의 풍미를 적절히 배합해 최상의 크루아상을 만들기 위해서이다.
우리나라와 프랑스는 밀가루 분류 기준이 다르다. 우리나라는 밀가루에 들어 있는 단백질 함량에 따라 강력분(11~13%), 중력분(8~10%), 박력분(6~8%)으로, 프랑스는 밀가루의 미네랄과 회분율에 따라 Type45~150으로 나뉜다. 회분율은 제분한 밀가루를 태웠을 때 남는 재의 함량으로, 재의 함량이 낮다는 것은 그만큼 도정이 많이 되었다는 뜻이다. 숫자가 낮아질수록 백색에 가까우며 미네랄 함량이 낮고 입자가 곱다. 반대로 숫자가 높을수록 입자가 거칠어지고 통밀가루에 가깝다. 일반적으로 T45는 제과, T55는 제빵, T65는 바게트용으로 많이 사용하지만, 밀가루 브랜드나 제품에 따라 T45와 T55, T55와 T65를 섞어 사용하기도 한다. 또한 밀가루 분류 기준 자체가 다르기 때문에 T45를 박력분, T55를 중력분, T65를 강력분으로 분류하기는 어렵다. 이 책에서는 트레디션T65 프랑스밀가루를 사용한다. 브랜드에 상관없이 '트레디션(Tradition)'이라고 표기되어 있는 제품을 사용하면 된다.

[버터]

버터의 품질은 풍미, 굳기, 조직, 색상 이 네 가지로 결정된다. 버터 특유의 고소한 맛과 향기가 있어야 하고, 굳기는 끈기가 있어 퍼지지 않아야 한다. 조직은 균일하고 매끄러우며 색상은 광택이 있는 옅은 노란색이 좋다. 버터의 품질은 크루아상의 맛에 큰 영향을 주는데, 유지방 함량 82~84%의 버터를 추천한다. 밀가루 대비 충전용 버터의 양은 기본적으로 50% 정도로, 기호에 따라 60~70%까지 양을 늘리기도 한다. 버터의 비율을 높이면 파이에 가까운 바삭한 식감을 얻을 수 있지만 과도하게 넣으면 오히려 버터가 반죽에 스며들어 식감이 눅눅해진다. 크루아상의 충전용으로는 보통 납작한 형태의 시트형 버터를 사용하는데, 시트형 버터는 녹더라도 반죽에 스며들지 않고 유연해 밀어 펴는 작업에 적합하다. 일반 버터도 가능하지만 작업 온도가 높으면 버터가 녹아 반죽에 스며들기 때문에 온도 조절에 유의해야 한다.

2^e^ point

-

반죽과 버터의 온도에 주의한다

접기를 할 때는 반죽과 충전용 버터의 단단함이 동일해야 한다. 충전용 버터가 반죽보다 더 단단하면 반죽을 밀어 펼 때 버터가 깨지거나 반죽이 찢어져서 반죽과 버터의 층이 균일하지 않고, 충전용 버터가 반죽보다 부드러우면 작업하기 어려울 뿐만 아니라 버터가 녹아 나와 일정한 결을 기대하기 어렵다. 반죽은 1℃, 충전용 버터는 12~16℃일 때 가장 적당하다. 숙련도가 떨어진다면 이보다 낮은 온도의 버터를 사용하는 것이 작업 도중 버터가 녹는 위험을 줄일 수 있는 방법이다.

3^e^ point

-

시간을 충분히 들인다

끈기와 탄력, 신장성을 고루 갖춘 크루아상 반죽이라 하더라도 충분히 발효시키고 충분히 휴지시켜 작업하지 않으면 좋은 제품을 만들 수 없다. 믹싱을 끝낸 반죽은 활발한 발효와 좋은 발효 향을 위해 냉장고에서 최소 8~15시간 저온 숙성시킨다. 충전용 버터를 접어 넣은 반죽, 재단한 반죽 역시 휴지를 통해 반죽을 이완시켜주면 뒤틀림이나 줄어드는 현상 없이 동그랗게 위로 잘 부풀고 일정한 두께의 결이 보이는 크루아상으로 구울 수 있다.

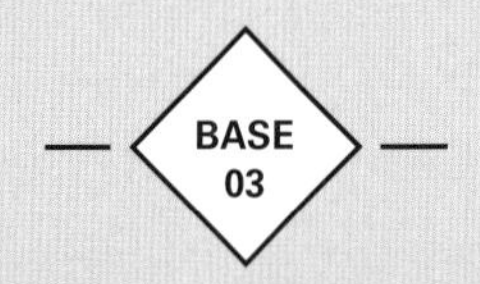

접기 방법에 따라 달라지는 크루아상의 '결'

어떤 크루아상을 원하는가에 따라 충전용 버터의 접기 방법이 달라진다. 흔히 접기 횟수를 늘릴수록 결이 명확해진다고 생각하기 쉬운데, 결과는 정반대다. 접기를 많이 할수록 반죽 층과 버터 층이 얇아져 도중에 서로 붙어버리기 때문에 결의 모양을 살리기 힘들다. 반죽의 접는 횟수가 적을수록 두껍고 선명한 결의 완제품이 완성되고, 접기 횟수를 늘릴수록 결이 촘촘하고 제품의 볼륨이 커진다.

한편, 원하는 제품의 크기에 따라서도 적절한 접기 방법을 고려할 수 있다. 작은 사이즈의 제품을 만들 때는 얇게 밀어도 반죽과 버터 층이 살아있는 **3절 2회**가 적합하고, 결이 선명하게 나와야 하는 라우겐 크루아상 역시 3절 2회를 접는다. **3절 1회 × 4절 1회** 접기는 가장 고전적이고 보편적인 접기 방식으로 대부분의 크루아상 제품에 적합하며 반죽과 버터 층의 비율이 가장 안정적이라서 실패할 위험이 적다. **4절 2회**는 최종 반죽 두께 4㎜로 만드는, 볼륨감이 필요한 제품에 많이 사용하고, **3절 3회**는 충전용 버터의 양을 늘려 보존성을 높이는 제품에 적합하다.

버터를 감싸는 방법

방법 1

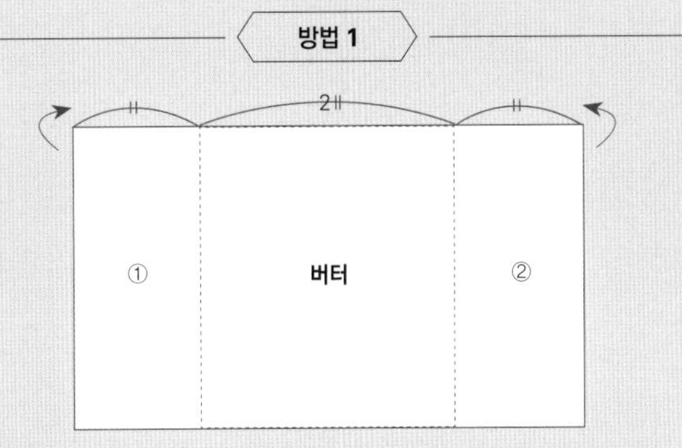

충전용 버터를 반죽의 가운데에 놓고 ①, ②의 순서로 반죽을 접는다

* 이 책에서 사용하는 방법

방법 2

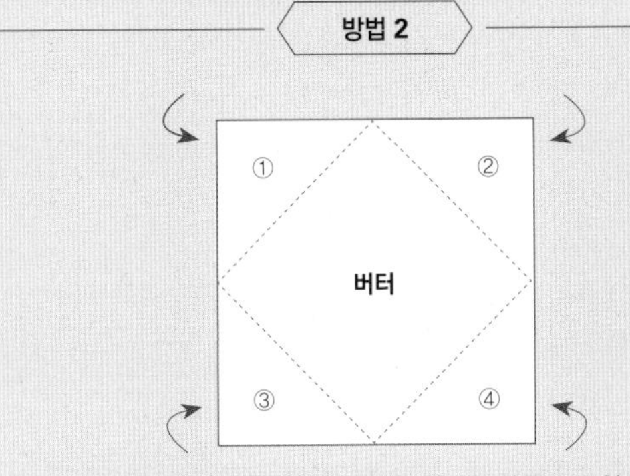

정사각형으로 밀어 편 반죽에 충전용 버터를 마름모 모양으로 놓고,
①~④의 순서로 양 모서리를 중앙을 향해 접고 봉한다

방법 3

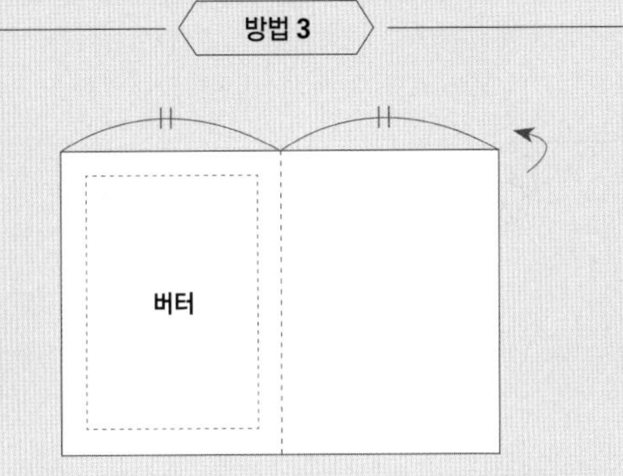

직사각형으로 밀어 편 반죽의 한쪽 면에 충전용 버터를 놓고
반으로 접는다

방법 4

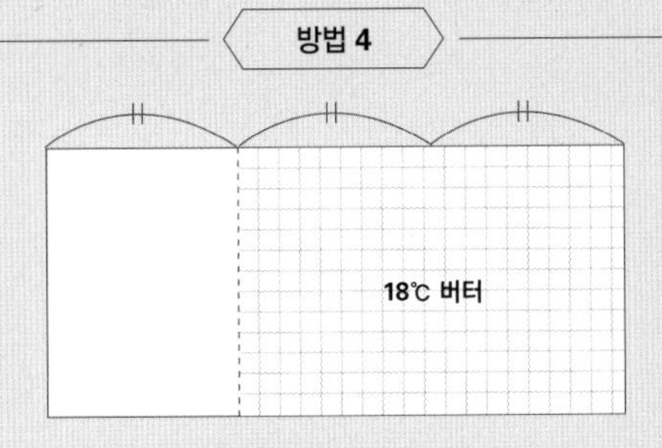

충전용 버터를 반으로 나눠 각각 온도를 18℃로 맞춘다.
직사각형으로 밀어 편 반죽의 2/3에 버터 1/2을 바른 다음 3절 접기를
2회 한다. 남은 버터 1/2도 위의 공정을 반복해 바른다 (총 3절 접기 4회)

방법 5

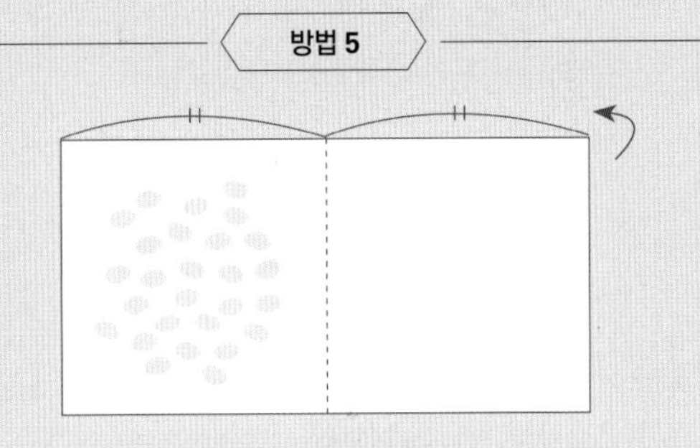

직사각형으로 밀어 편 반죽에 충전용 버터를 작게 떼어
그림과 같이 놓고 접는다

방법 6

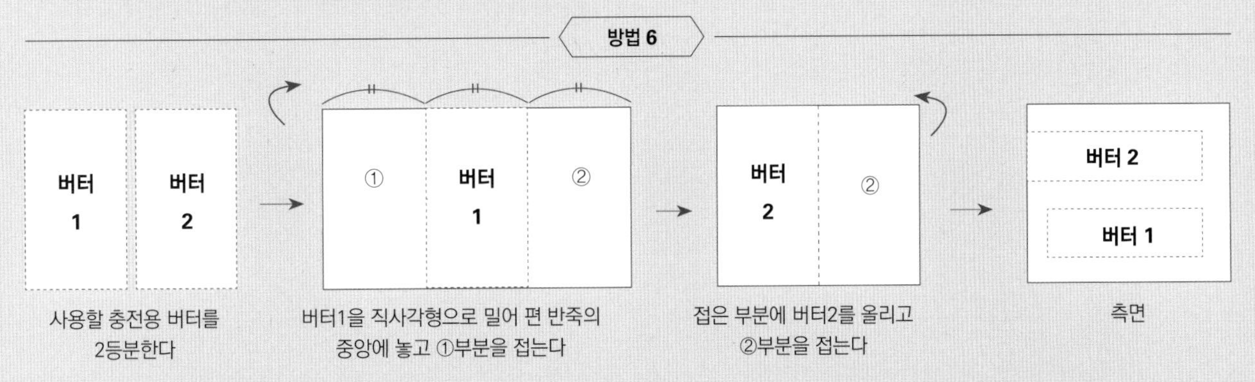

사용할 충전용 버터를 2등분한다

버터1을 직사각형으로 밀어 편 반죽의 중앙에 놓고 ①부분을 접는다

접은 부분에 버터2를 올리고 ②부분을 접는다

측면

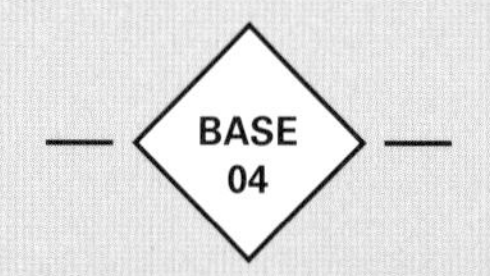

크루아상의 반죽 상태를 결정하는 '기본 온도'

프랑스빵 만들기의 가장 기본이 되는 '기본 온도(Température de base)'는 T℃로 표시하며, 원하는 반죽 온도를 얻기 위한 물 온도 계산에 반드시 필요하다. 믹싱이 끝난 반죽의 최종 온도가 높거나 낮으면 발효 시간과 온도, 결과물 등이 달라지게 된다.
반죽 작업과 반죽 상태는 대체로 날씨의 영향을 많이 받는데, 제빵사들의 경험을 통해 얻은 이 기본 온도만 알고 있으면 날씨가 변해도 일관적인 작업이 가능하다.
크루아상의 기본 온도는 46~50℃, 바게트의 기본 온도는 62~66℃이며 보통 중간 정도에 맞춰 사용하기 때문에 크루아상은 48℃, 바게트는 64℃가 된다. 기본 온도의 수치는 만드는 빵의 종류에 따라 달라진다.

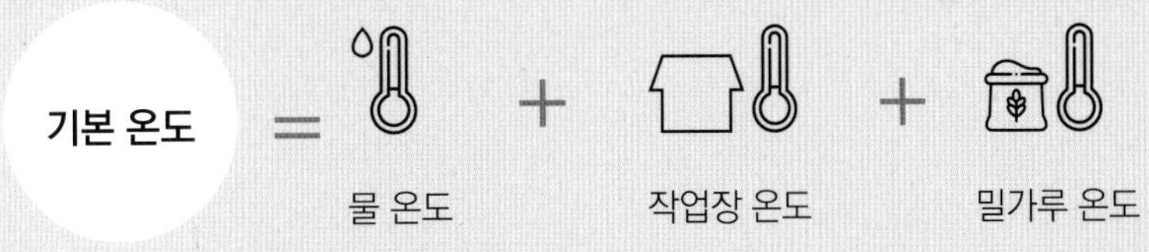

기본 온도 = 물 온도 + 작업장 온도 + 밀가루 온도

예시)
작업장 온도 20℃, 밀가루 온도 20℃라고 가정했을 때, 이 책에서 제시한 크루아상의 반죽 온도(24℃)를 얻기 위해서는 8℃(48=물 온도+20+20)의 물을 사용하면 된다.

클래식 크루아상

Croissant classique

가장 기본이 되는 크루아상으로, 살레 크루아상을 제외한 대부분의 크루아상 제품에 사용한다.
강력분과 프랑스밀가루의 혼합, 장시간 저온 숙성을 통해 크루아상 본연의 버터 향과 맛을 풍부하게 살렸다.

개수 30개 분량

ingredients

-

강력분 750g
프랑스밀가루(트레디션T65) 250g
물 420g
달걀 50g
소금 20g
설탕 140g
생이스트 45g
버터 125g
충전용 버터 500g

[마무리]
달걀물 적당량

충전용 버터
만들기

1 충전용 버터를 250g씩 사각형으로 자른 다음 작업용 비닐 위에 올린다.

tip. 밀가루 대비 충전 버터의 기본 비율은 50%이다.

tip. 사각형으로 자르면 충전용 버터를 사각으로 밀어 펴는 작업이 한결 수월하다.

2 밀대로 두드려 적당한 크기로 편다.

tip. 버터는 사용하기 30분 전에 냉장고에서 미리 꺼내두면 두드리고 밀어 펴기에 적당한 온도가 된다.

tip. 시트형 버터가 아닌 일반 버터일 경우에는 약 2℃ 정도 더 낮은 온도로 작업한다.
일반 버터는 작업 온도가 높으면 버터가 녹아 반죽에 스며들기 쉽기 때문이다.

tip. 버터를 밀대로 두드리면 부드러워져서 균일하게 밀어 펼 수 있고 작업도 쉬워진다.

3 비닐을 20×20㎝ 크기의 정사각형이 되도록 먼저 세 면을 접는다.

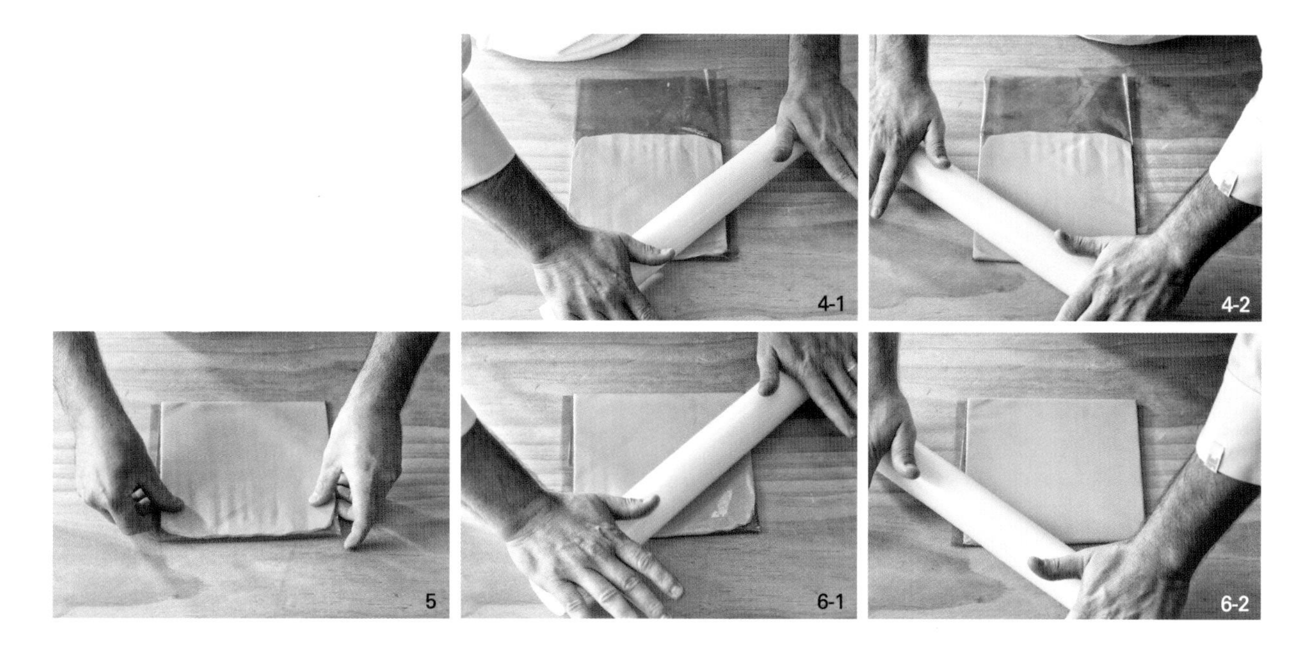

4 90°로 돌리고 밀대를 이용해 공정사진과 같이(4-1, 4-2) 비닐의 양 모서리에 버터를 채운 다음 균일한 두께로 밀어 편다.
5 비닐 방향을 180° 회전시키고 나머지 한 면의 비닐을 접는다.
6 다시 밀대를 이용해 비닐의 양 모서리에 버터를 채운다.
7 균일한 두께가 되도록 밀어 편 다음 냉장 보관한다.

기본 반죽 만들기

1 기본 반죽 재료를 준비한다.

2 믹서볼에 충전용 버터를 제외한 모든 재료를 넣고
1단에서 3분 동안 믹싱하면서 재료를 섞는다(기본 온도 46~50℃).

tip. 기본 온도(T℃)는 프랑스빵 만들기의 가장 기본이 되는 온도이다.
기본 온도에 대한 자세한 내용은 p.15 참조.

tip. 재료 중 강력분은 반죽에 탄력을, 프랑스밀가루(트레디션T65)는 풍미를 더해준다.
강력분과 프랑스밀가루를 섞어 사용하면 반죽의 수축을 방지해
성형이 쉽고 신축성도 좋아진다.

tip. 만약 프랑스밀가루가 없다면 프랑스밀가루를 중력분으로 대체하는 것이 좋다.
강력분을 100% 사용하면 반죽의 탄력이 과해진다.

tip. 재료 중 버터(125g)는 반죽을 부드럽게 하고 반죽 온도를 차갑게 유지해
과발효를 방지하기 때문에 작업을 수월하게 한다.

1

ready

-

강력분, 프랑스밀가루(트레디션T65), 물, 달걀,
소금, 설탕, 생이스트, 버터

2

3 다시 1단에서 8분, 2단에서 3분 동안 믹싱한다(반죽 상태 바타드, 반죽 온도 24℃).

tip. 믹싱 시간은 스파이럴 믹서 기준이다. 버티컬 믹서일 경우
1단에서 8분, 2단에서 7~8분 믹싱한다.

tip. 반죽은 글루텐이 적당히 생기고 탄력 있는 중간 반죽의 바타드(Pâte bâtarde) 상태이다.
반죽 상태는 단단한 반죽(Pâte ferme), 중간 반죽(Pâte bâtarde),
부드러운 반죽(Pâte douce) 세 가지로 분류할 수 있는데,
중간 반죽은 지탱력(유지력)이 있고 점성(끈기)이 적다.

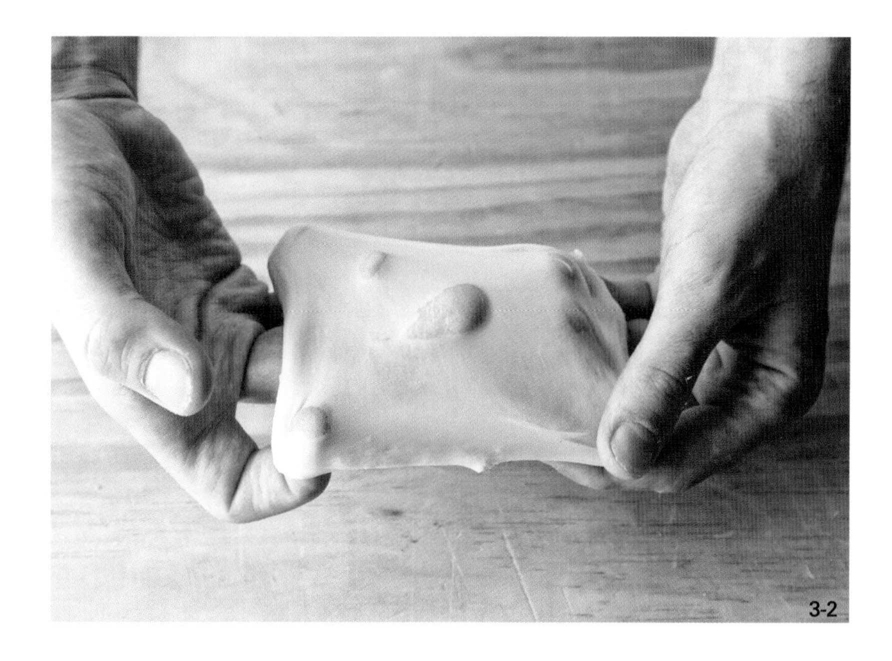

4 반죽을 900g씩 두 덩어리로 분할한다.
5 반죽을 손으로 가볍게 누르면서 평평하게 편다.
6 반죽의 양옆을 가운데로 모아 접은 다음 위에서 아래로 덮어 씌우듯이 접으면서 한 방향으로 둥글린다.
7 반죽통에 넣고 23~24℃ 실온에서 약 20분 동안 휴지시킨다.
8 반죽을 다시 가볍게 눌러 펴면서 가스를 뺀다.
9 위아래로 한 번씩 가운데로 모아 접는다.
10 손바닥 끝으로 바게트를 접듯이 눌러 접으면서 타원형으로 만든다.
11 반죽통에 넣고 다시 23~24℃ 실온에서 약 20분 동안 휴지시킨다.

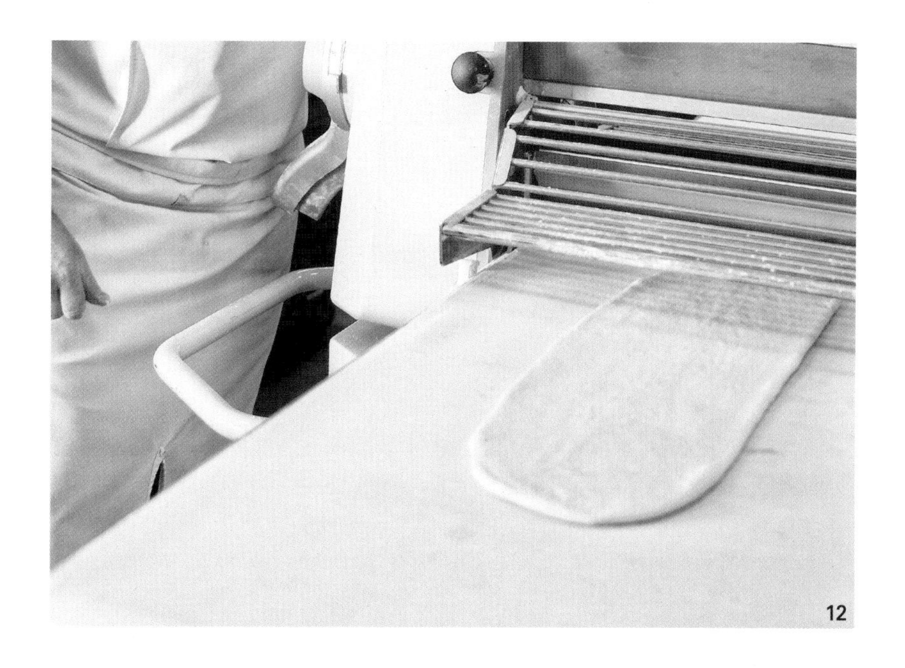
12

12 파이롤러를 이용해 반죽을 적당한 두께로 밀어 편다.

tip. 파이롤러를 사용할 때는 반죽과 비슷한 두께부터 시작해
조금씩 얇은 두께가 되도록 단계적으로 조절해야 반죽이 덜 상한다.

13 3절 1회를 접는다.

tip. 반죽의 양끝을 당겨서 사각형으로 만들면서 접는다.

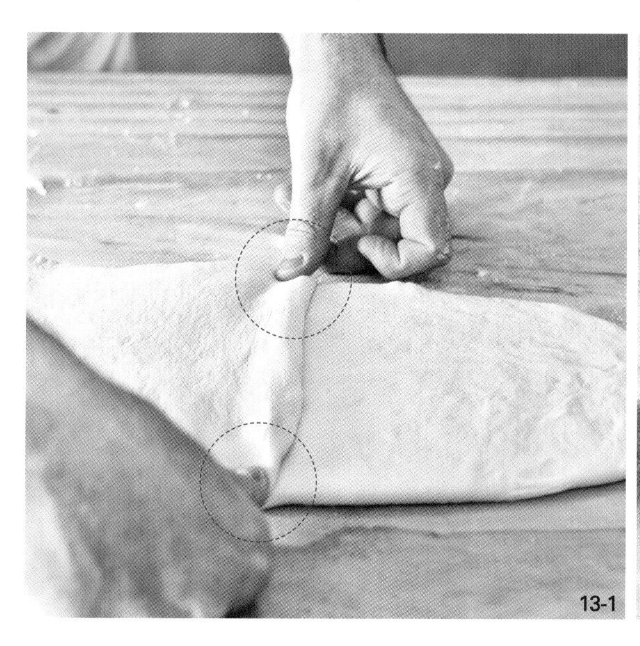
13-1

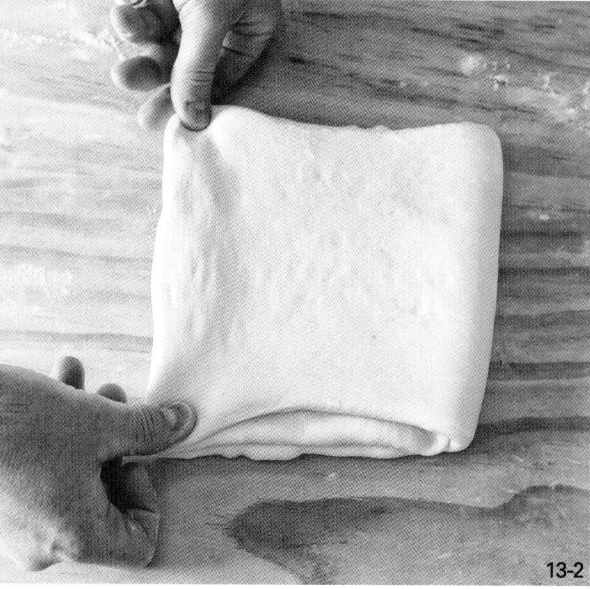
13-2

14 다시 파이롤러를 이용해 길이 방향으로 40×20㎝ 직사각형으로 밀어 편 다음 철판에 올린다.

15 비닐을 씌우고 -18℃ 냉동고에서 약 1시간 동안 냉동시킨다.

16 1℃ 냉장고에서 약 15시간 동안 천천히 저온 발효시킨다.

tip. 적어도 8~15시간 정도의 장시간 저온 숙성을 거쳐야 좋은 발효 향이 나고 발효도 활발해진다.

17 900g의 반죽 가운데에 냉장해 둔 250g의 충전용 버터를 올린다.

tip. 충전용 버터는 12~16℃가 작업하기 가장 적당하다.
숙련도가 떨어진다면 이보다 낮은 온도의 버터를 사용해 작업 도중 녹을 위험을 줄인다.

18 버터의 아래위를 밀대로 꾹 눌러 얇게 편다.

tip. 버터 끝을 눌러 얇게 만들면 접기가 한결 수월하다.

19-1

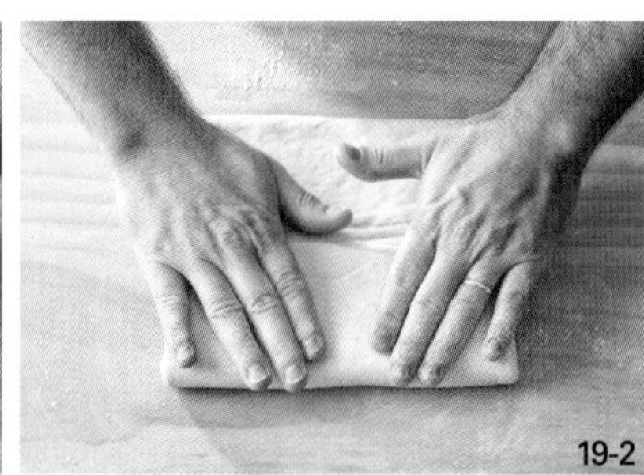
19-2

19 반죽의 아래위를 가운데로 모아 접고 이음매를 잘 봉한다.
20 90°로 돌리고 반죽의 양옆으로 칼집을 넣어 자른다.

반죽을 접으면 접은 반죽의 양끝에 탄력이 더 생기게 된다. 때문에 90°로 돌려 탄력을 완화시켜주면 반죽을 조금 더 쉽게 늘일 수 있다.

양옆을 잘라 반죽의 힘을 끊어주면 다음 단계에서 변형이 일어나지 않는다. 궁극적으로는 반듯한 직사각형을 만들기 위함이다.

20

21-1

21-2

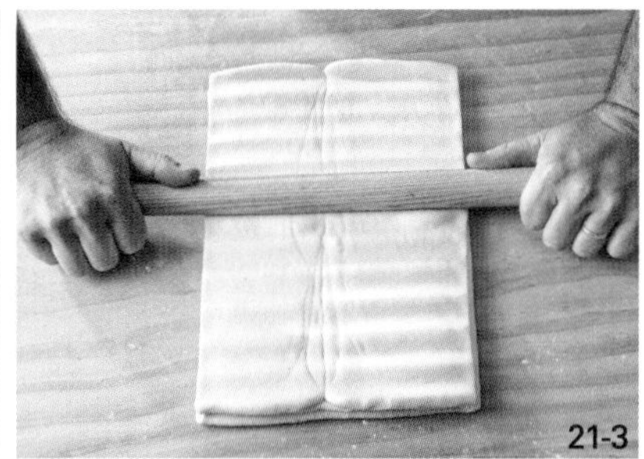

21-3

21 밀대 양끝을 잡고 일정한 힘으로 누르면서 늘인다.

tip. 반죽을 미리 눌러줘야 파이롤러를 사용했을 때 일정하게 늘이기 쉽다.

tip. 먼저 몸에서 가까운 반죽의 반을 밀대로 눌러 늘이고 180°로 돌린 다음 다시 반을 눌러 늘이면 힘을 일정하게 가할 수 있다.

22 파이롤러를 이용해 반죽을 밀어 편다.

tip. 파이롤러를 사용할 때는 반죽과 비슷한 두께부터 시작해 조금씩 얇은 두께가 되도록 단계적으로 조절해야 한다. 처음부터 너무 얇은 두께로 밀어 펴면 반죽이 밀리고 충전용 버터가 끊어진다.

tip. 파이롤러를 사용하면 반죽 온도를 올리지 않으면서 빠른 시간에 밀어 펼 수 있다. 때문에 버터 층이 일정하게 나온다.

tip. 밀대로 밀어 펼 경우에는 덧가루를 잘 뿌리고 접을 때마다 규칙적으로 냉장 휴지시켜 반죽을 이완시켜주는 것이 중요하다. 밀대 사용의 장점은 반죽의 상태를 손으로 직접 만져보고 느끼면서 작업할 수 있다는 것이다.

22

23 반죽을 3등분해서 3절 1회를 접는다.

tip. 1겹 반죽을 3층으로 접었으므로 이 단계의 반죽은 3겹이다.

24 다시 반죽의 양옆으로 칼집을 넣어 자른다.

tip. 공정⑳과 마찬가지로 양옆을 잘라 반죽의 힘을 끊어주면 다음 단계에서 변형이 일어나지 않는다.

25 파이롤러를 이용해 반죽을 길이 방향으로 밀어 편다.

tip. 반죽의 길이는 3절의 경우 75㎝, 4절의 경우 90㎝ 정도로 밀어 편다.

tip. 파이롤러의 경우에는 휴지 없이 2회 연속으로 작업하지만 밀대를 사용하면 단계마다 20분 정도씩 냉장 휴지시켜야 한다.

26 3등분해서 3절 1회, 또는 공정사진과 같이(26-1, 26-2, 26-3) 1/4, 3/4 비율이 되도록 가운데로 모아 접고 이음매를 잘 봉한 다음 다시 한 번 더 반으로 4절 1회를 접는다.

tip. 3겹 반죽을 다시 3겹으로 접을 경우 이 단계의 반죽은 9겹, 3겹 반죽을 다시 4겹으로 접을 경우 12겹이 된다.

tip. 파이롤러로 3절 3회를 접을 때는 2회 연속으로 접고 20~30분 동안 냉장 휴지시켜 반죽을 이완시킨 다음 다시 3절 1회를 접는다. 밀대는 매회 휴지시키면서 접는다.

27 −18℃ 냉동고에서 20분, 1℃ 냉장고에서 20분 동안 휴지시킨다.

28 파이롤러를 이용해 반죽을 50×28㎝ 직사각형으로 밀어 편다.

29 1℃ 냉장고에서 약 20분 동안 휴지시킨다.

30 파이롤러를 이용해 최종적으로 두께 3.5㎜, 77×28㎝ 직사각형으로 밀어 편다.

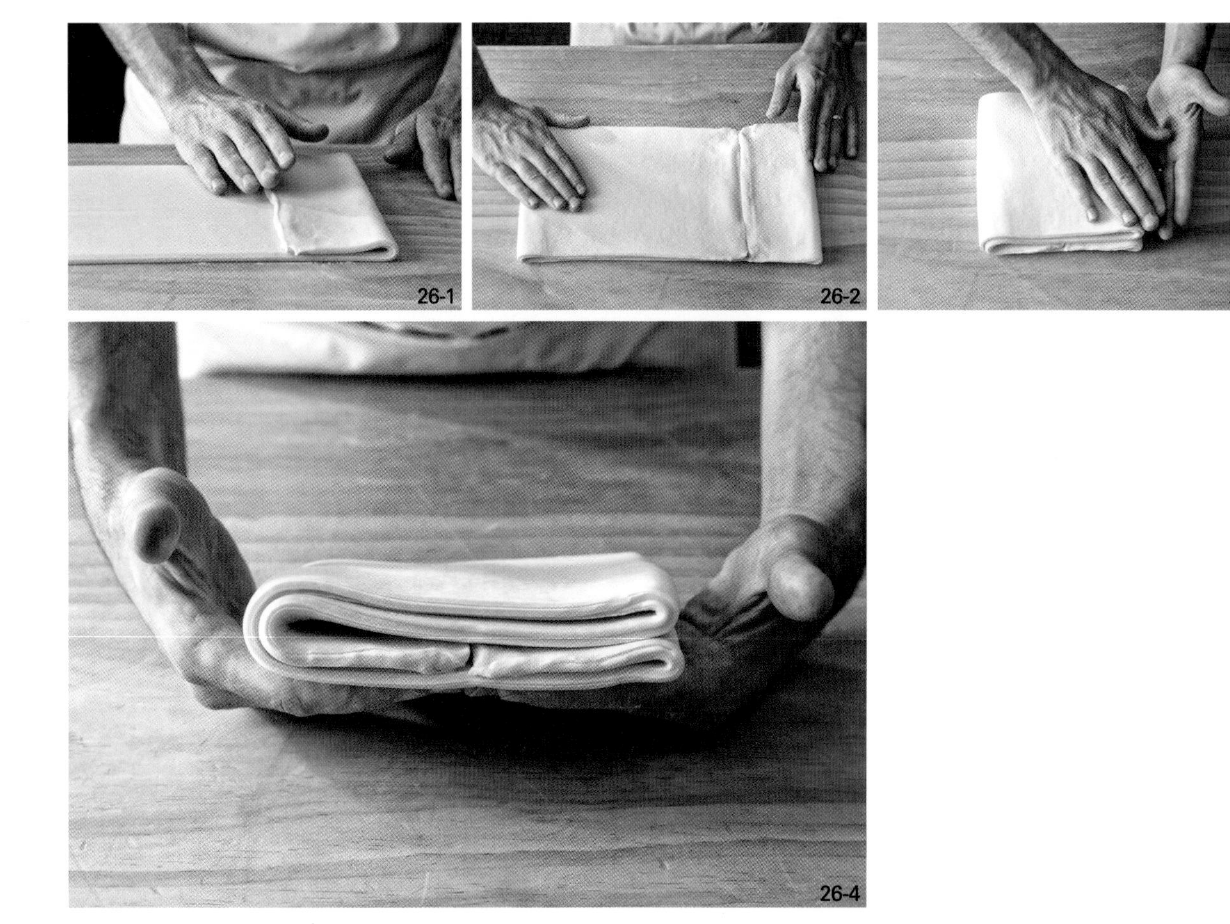
26-1 26-2 26-3 26-4

31 반죽의 아래위 가장자리를 얇게 잘라낸다.

tip. 가장자리를 잘라내야 크루아상의 버터 층이 잘 벌어진다.

32 왼쪽 가장자리를 사선으로 자르고 왼쪽에서 오른쪽으로 자를 이용해 치수를 잰다.

tip. 사선으로 잘라야 삼각형으로 재단하기 편리하다.

33 밑변 9㎝, 높이 28㎝ 삼각형 15개를 재단한다.

tip. 900g 반죽 한 개당 15개, 총 30개가 나온다.

34 밑변 가운데에 1㎝ 정도의 칼집을 넣는다.

tip

칼집을 넣으면 버터 층을 누르지 않고
밑변을 넓게 벌릴 수 있어
모양을 잡기가 쉽다.

35 밑변 반죽을 양옆으로 살짝 당기면서 칼집 낸 부분을 삼각형으로 접는다.

36 양옆으로 당긴 반죽 양끝을 제자리에서 굴리면서 늘인 다음 반죽을 둥글게 한 바퀴 감는다.

37 한 손으로 감은 반죽을 잡고 다른 한 손으로 위에서 아래로
반죽을 쓰다듬듯이 살짝 당겨준다.

tip. 반죽을 당겨서 늘이면 더 많이 감겨서 볼륨이 잘 산다.

tip. 반죽을 세게 당기면 버터 층이 끊어질 수 있다.

38 힘을 뺀 손끝으로 돌돌 둥글게 말아주면서 크루아상 모양으로 성형한다.

tip. 세게 누르면 버터 층이 손상된다.

tip. 반죽 끝(꼭지점)은 몸통에 살짝 눌러 붙인다.

39 유산지를 깐 철판 위에 반죽 끝이 바닥을 향하도록 팬닝한다.

40 붓으로 달걀물을 바른다.

tip. 달걀물 분량 및 공정은 p.31 참조.

tip. 달걀물은 버터 층 단면에 흘러내리지 않을 정도로 얇고 가볍게 바른다.

41 온도 27℃, 습도 70~80% 발효실에서 약 2시간 30분 동안 발효시킨다.

42 붓으로 달걀물을 한 번 더 바른다.

tip. 달걀물을 두 번 바르면 구웠을 때 윤기가 잘 나고 먹음직스러운 갈색이 된다.
또한 표면의 수분감을 유지시켜 최적의 작업 조건을 갖출 수 있다.

43 데크 오븐의 경우 윗불 205℃, 아랫불 200℃,
컨벡션 오븐의 경우 170℃에서 16분 동안 굽는다.

달걀물

ingredients 달걀 50g, 노른자 50g, 우유 50g

1 비커 등의 기다란 용기에 모든 재료를 넣고
핸드블렌더로 30초 동안 섞는다.

2 체에 거른 다음 냉장 보관한다.

시럽

ingredients 물 100g, 설탕 100g

1 냄비에 물과 설탕을 넣고 불에 올린 다음
거품기로 저어가며 녹인다.

2 끓어오르면 불에서 내리고 식힌 다음 냉장 보관한다.

Croissant tip

-

접는 횟수에 따른 크루아상 비교

3절 2회

• **버터 층** 9겹 •

3절 1회를 두 번 반복해서 접는 3절 2회 크루아상은 총 9겹의 버터 층이 생긴다. 파이롤러를 사용할 경우 연속해서 두 번을, 밀대를 사용할 경우 3절 1회를 접고 20~30분 냉장 휴지시킨 다음 다시 3절 1회를 접는다.

결이 가장 선명하고 두꺼우며 바삭하다. 얇게 밀어도 반죽과 버터 층이 살아있기 때문에 미니 비엔누아즈리와 같은 제품을 만들 때 적합하다. 결이 선명하게 나와야 하는 라우겐 크루아상도 3절 2회를 접는다.

3절 1회 × 4절 1회

• **버터 층** 12겹 •

3절 1회 한 번, 4절 1회 한 번을 접는 크루아상은 총 12겹의 버터 층이 생긴다. 파이롤러를 사용할 경우 연속해서 3절 1회, 4절 1회를, 밀대를 사용할 경우 3절 1회를 접고 20~30분 냉장 휴지시킨 다음 4절 1회를 접는다. 3절 1회와 4절 1회의 접는 순서를 바꿔도 상관없다.

네 가지 중 가장 고전적이고 보편적인 접기 방식이다. 대부분의 크루아상 제품에 적합하며 반죽과 버터 층의 비율이 가장 안정적이라서 실패할 위험이 적다.

4절 2회

• **버터 층** 16겹 •

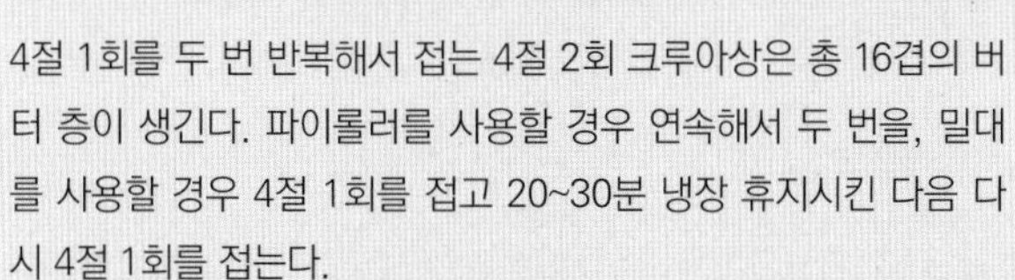

4절 1회를 두 번 반복해서 접는 4절 2회 크루아상은 총 16겹의 버터 층이 생긴다. 파이롤러를 사용할 경우 연속해서 두 번을, 밀대를 사용할 경우 4절 1회를 접고 20~30분 냉장 휴지시킨 다음 다시 4절 1회를 접는다.

결이 예쁘게 잘 나오고 볼륨감도 적당하다. 캐러멜&바닐라 크루아상, 에그조틱 크루아상 등 완제품에 크림을 충전하거나 팽 오 쇼콜라, 쿠크류(Les couques, 반죽에 건포도, 살구 등을 넣거나 올려 만드는 비엔누아즈리의 일종) 등 최종 반죽 두께 4㎜로 만드는, 볼륨감이 필요한 제품에 많이 사용한다.

3절 3회

• **버터 층** 27겹 •

3절 1회를 세 번 반복해서 접는 3절 3회 크루아상은 총 27겹의 버터 층이 생긴다. 파이롤러를 사용할 경우 연속해서 두 번 접고 30분 이상 냉장 휴지시킨 다음 다시 3절 1회를, 밀대를 사용할 경우 접을 때마다 20~30분씩 냉장 휴지를 한다.

프랑스에서 선호하는 접기 방식은 아니지만 네 가지 중 버터 층이 가장 많아 볼륨감이 좋고 단면을 잘랐을 때 기공이 아주 촘촘하다. 반죽이 매우 얇아서 바삭함이 오래 유지되고 눅눅함이 덜하다. 충전용 버터의 양을 늘려 보존성을 높일 때 적합하다.

Croissant tip

-

접는 횟수에 따른 크루아상 반죽 및 완제품의 볼륨 비교

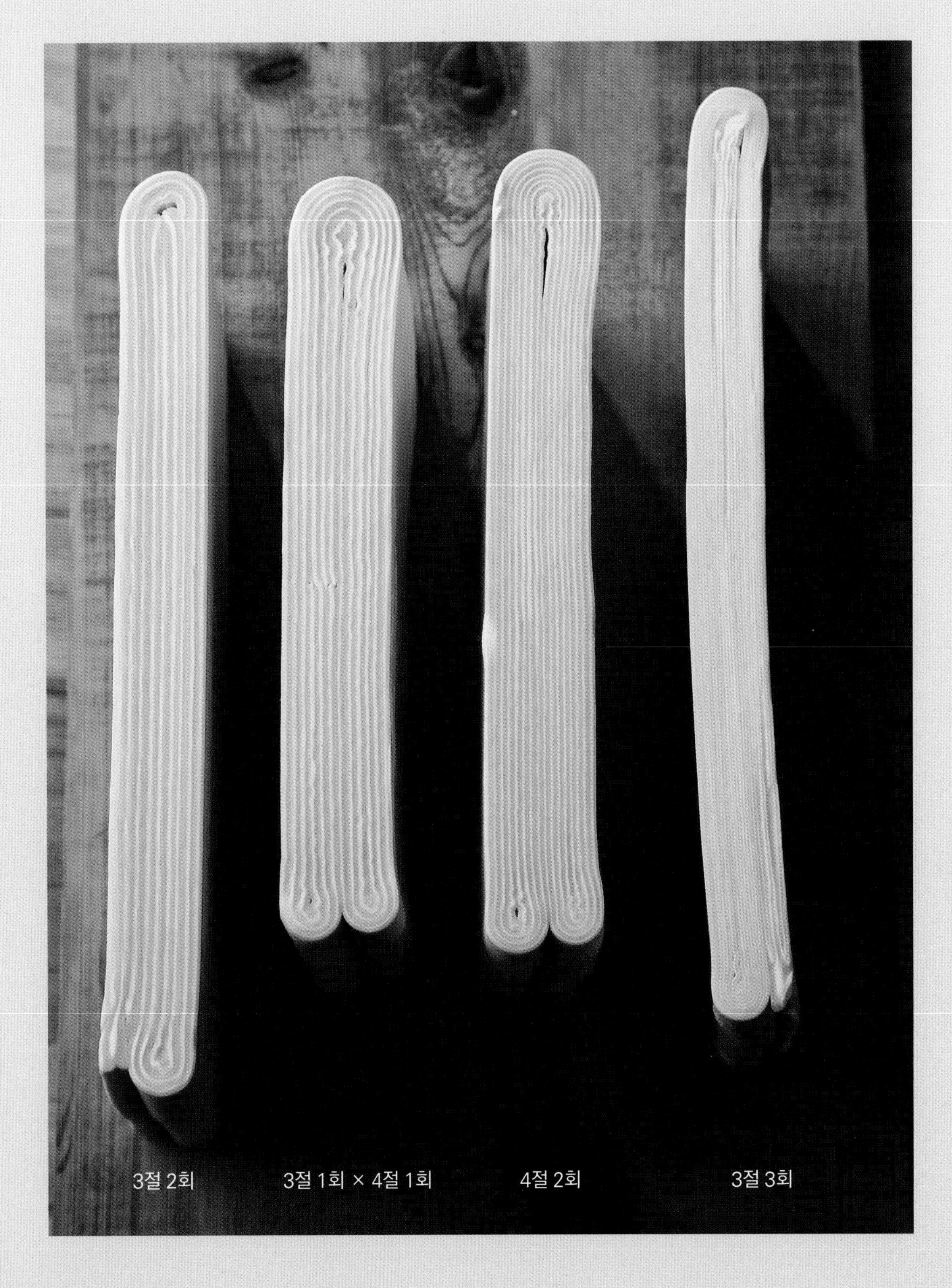

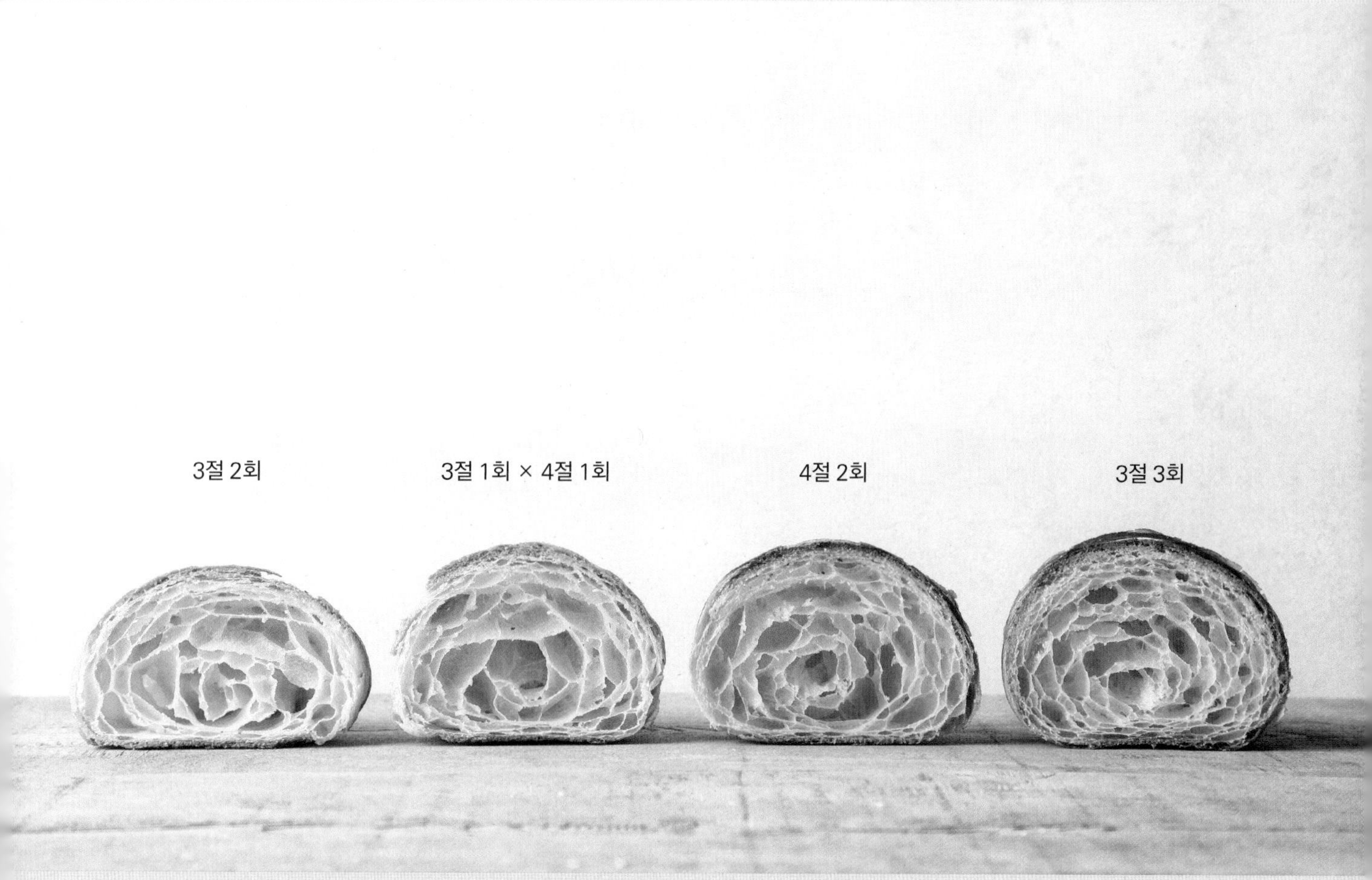

3절 2회　　3절 1회 × 4절 1회　　4절 2회　　3절 3회

풀리시 크루아상

Croissant sur poolish au lait

물 대신 우유를 사용한 풀리시 제법의 크루아상이다.
성형할 때 삼각형으로 재단한 반죽을 잠시 휴지시켜 말아주면 초승달 모양의 곡선이 예쁘게 잘 나온다.

개수 30개 분량 | **접는 횟수** 3절 1회×4절 1회 | **버터 층** 12겹

ingredients

-

[우유 풀리시]

우유 250g
생이스트 25g
프랑스밀가루(트레디션T65) 200g

[본반죽]

우유 풀리시 475g
강력분 750g
프랑스밀가루(트레디션T65) 50g
우유 320g
소금 20g
설탕 140g
생이스트 25g
버터 120g
충전용 버터 500g

[마무리]

달걀물 적당량

우유 풀리시

1 우유 풀리시 재료를 준비한다.
2 볼에 우유와 생이스트를 넣고 거품기로 잘 풀어준다.
3 밀가루를 넣고 고른 상태가 될 때까지 잘 섞는다.
4 랩으로 싸서 실온에서 약 2시간 동안 발효시킨다(기본 온도 46~50℃).

tip. 기본 온도에 대한 자세한 내용은 p.15 참조.

tip. 풀리시는 전체 배합의 20~40% 분량의 밀가루에 같은 양의 수분과 소량의 이스트를 혼합해 페이스트 상태의 사전발효반죽을 만든 뒤 본반죽에 섞어 사용하는 제법이다. 전날 만들어 다음날 사용하는 경우가 많은데, 발효 시간이 비교적 긴 프랑스빵 등을 아침에도 단시간에 구워낼 수 있는 장점이 있다. 빵의 풍미 및 볼륨도 좋아진다.

ready

\-

생이스트, 우유,
프랑스밀가루(트레디션T65)

tip

발효가 끝난 풀리시는 가스가 생기고
가운데 부분이 살짝 꺼져 있어야 한다.

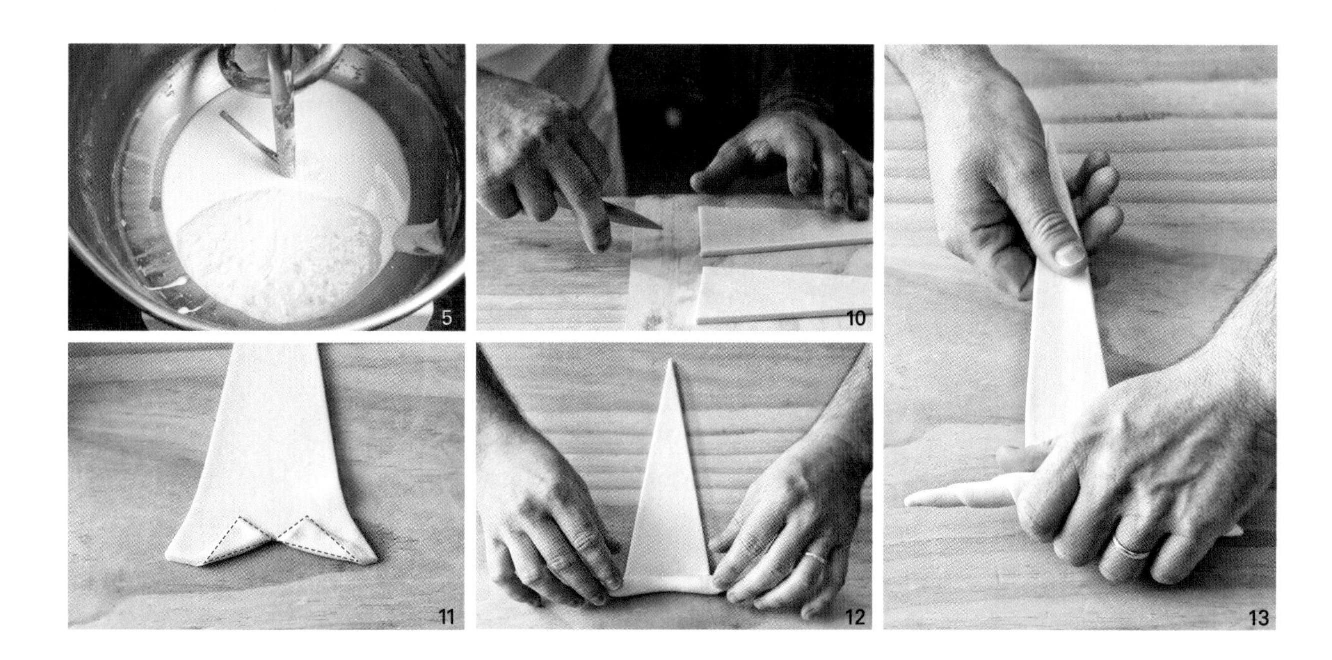

본반죽

5 믹서볼에 충전용 버터를 제외한 본반죽 재료를 모두 넣고 1단에서 3분 동안 믹싱하면서 재료를 섞는다(기본 온도 46~50℃).

tip. 기본 온도(T℃)는 프랑스빵 만들기의 가장 기본이 되는 온도이다. 기본 온도에 대한 자세한 내용은 p.15 참조.

tip. 클래식 크루아상에 비해 총 수분량이 높다. 우유에는 물 이외에 지방 등도 포함되어 있어 그 분량만큼 우유를 더 넣어야 하기 때문이다.

6 다시 1단에서 8분, 2단에서 3분 동안 믹싱한다(반죽 상태 바타드, 반죽 온도 24℃).

tip. 믹싱 시간은 스파이럴 믹서 기준이다. 버티컬 믹서의 경우 1단에서 8분, 2단에서 7~8분 믹싱한다.

tip. 바타드(Pâte bâtarde)는 글루텐이 적당히 생기고 탄력 있는 반죽 상태이다(p.22 설명 참조).

7 반죽을 950g씩 두 덩어리로 분할한다.

8 둥글리기부터 성형 이전까지는 p.16 클래식 크루아상 기본 반죽 만들기 공정 ⑤~㉜와 동일하다.

9 밑변 9㎝, 높이 28㎝ 삼각형 15개를 재단한 다음 냉동고에서 10분 동안 휴지시킨다.

tip. 재단한 삼각형 반죽을 냉동고에 휴지시킨 다음 성형하면 반죽이 이완되어 초승달 모양의 곡선이 예쁘게 잘 나온다.

tip. 950g 반죽 한 개당 15개, 총 30개가 나온다.

10 밑변 가운데에 1㎝ 정도의 칼집을 넣는다.

11 밑변 반죽을 양옆으로 살짝 당기면서 칼집 낸 부분을 삼각형으로 접는다.

12 양옆으로 당긴 반죽 양끝을 제자리에서 굴리면서 길게 다리를 만들어 늘인 다음 반죽을 둥글게 한 바퀴 감는다.

tip. 성형이 끝난 다음 양끝을 늘이는 것은 불가능하므로 이 단계에서 반죽을 늘이면서 다리를 만들어야 한다.

tip. 초승달 모양의 크루아상은 일반 크루아상에 비해 2배 이상 다리를 길게 만든다.

13 한 손으로 감은 반죽을 잡고 다른 한 손으로 위에서 아래로 반죽을 쓰다듬듯이 살짝 당겨준다.

tip. 반죽을 당겨서 늘이면 더 많이 감겨서 볼륨이 잘 산다.

tip. 반죽을 너무 세게 당기면 버터 층이 끊어질 수 있다.

14 힘을 뺀 손끝으로 돌돌 둥글게 말아주면서 크루아상 모양으로 성형한다.

tip. 세게 누르면 버터 층이 손상된다.

tip. 반죽 끝(꼭지점)은 몸통에 살짝 눌러 붙인다.

15 유산지를 깐 철판 위에 반죽 끝이 바닥을 향하도록 팬닝한 다음
길게 늘인 반죽 양끝 다리를 가운데로 모아 꾹 누른다.

tip. 반죽 양끝을 모아 눌러주면 굽기 전까지 초승달 모양이 잘 유지된다.

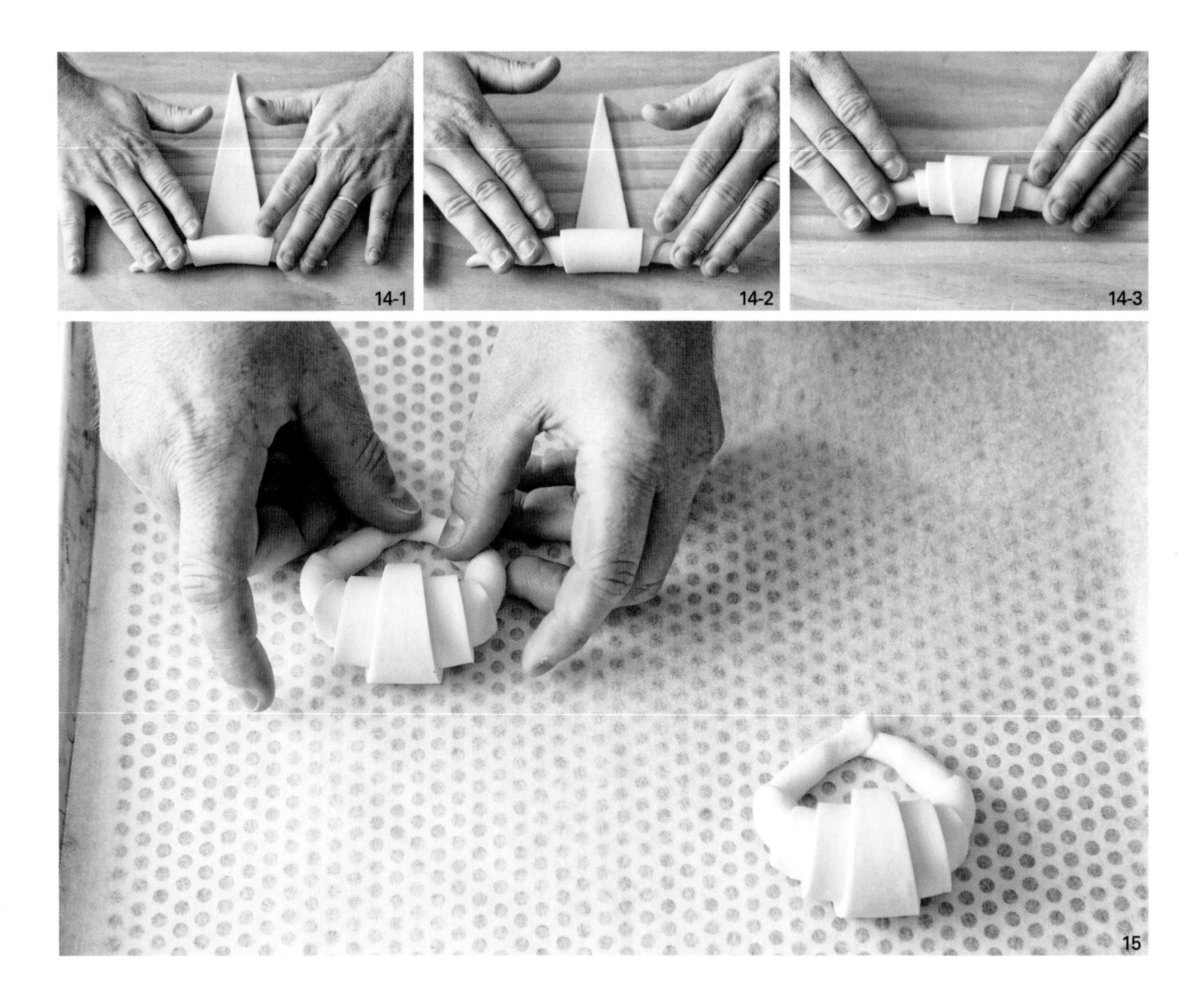

16

17

18

16 붓으로 달걀물을 바른다.

tip. 달걀물 분량 및 공정은 p.31 참조.

tip. 달걀물은 버터 층 단면에 흘러내리지 않을 정도로 얇고 가볍게 바른다.

17 온도 27℃, 습도 70~80% 발효실에서 약 2시간 30분 동안 발효시킨다.

18 붓으로 달걀물을 한 번 더 바른다.

tip. 달걀물을 두 번 바르면 구웠을 때 윤기가 잘 나고 먹음직스러운 갈색이 된다. 또한 표면의 수분감을 유지시켜 최적의 작업 조건을 갖출 수 있다.

19 데크 오븐의 경우 윗불 205℃, 아랫불 200℃, 컨벡션 오븐의 경우 170℃에서 16분 동안 굽는다.

오렌지 크루아상

Croissant à l'orange

당절임 오렌지, 오렌지제스트의 오렌지향 가득한 크루아상이다.
가르니튀르를 만들 때 아몬드 페이스트를 냉장고에서 미리 꺼내두면 부드러워져서 작업하기 쉽다.

개수 30개 분량 | **접는 횟수** 3절 1회×4절 1회 | **버터 층** 12겹

ingredients

-

[오렌지 아몬드 페이스트]
아몬드 페이스트(아몬드 함량 50%) 800g
당절임 오렌지 400g
오렌지 주스 40g
오렌지제스트 2개 분량

[클래식 크루아상 반죽]
강력분 750g
프랑스밀가루(트레디션T65) 250g
물 420g
달걀 50g
소금 20g
설탕 140g
생이스트 45g
버터 125g
충전용 버터 500g

[마무리]
달걀물 적당량
아몬드 분태 적당량
데코스노 적당량

오렌지
아몬드 페이스트

1. 오렌지 아몬드 페이스트 재료를 준비한다.
2. 스탠드 믹서볼에 실온 상태의 아몬드 페이스트, 당절임 오렌지, 오렌지 주스, 오렌지제스트를 넣고 비터로 섞는다.

   tip. 아몬드 페이스트는 사용하기 전 미리 실온에 꺼내 작업하기 쉬운 부드러운 상태로 만들어 둔다. 냉장고에서 갓 꺼낸 아몬드 페이스트는 단단해서 비터로 잘 섞이지 않는다.

   tip. 당절임 오렌지는 시럽을 제거하고 5㎜ 크기로 잘게 썬다.
3. 고무주걱으로 볼 벽면과 비터를 깨끗하게 정리하면서 균일하게 섞는다.
4. 개당 40g씩 30개로 분할하고 8㎝ 길이의 소시지 모양으로 만들어 냉장 보관한다.

1

ready

-

아몬드 페이스트(아몬드 함량 50%), 당절임 오렌지+오렌지제스트, 오렌지 주스

2

3-1

3-2

클래식 크루아상 반죽

5 믹싱부터 성형 이전까지는 p.16 클래식 크루아상 기본 반죽 만들기 공정 ①~㉜와 동일하다.

6 밑변 9㎝, 높이 28㎝ 삼각형 15개를 재단한 다음 밑변 가운데에 1㎝ 정도의 칼집을 낸다.

tip. 900g 반죽 한 개당 15개, 총 30개가 나온다.

마무리

7 반죽의 밑변 가까이에 ④의 오렌지 아몬드 페이스트 1개를 올린다.
  tip. 오렌지 아몬드 페이스트는 사용 전까지 냉장 보관한다.

8 칼집 낸 밑변 반죽을 양옆으로 살짝 당기면서 둥글게 말아 크루아상 모양으로 성형한다.

9 유산지를 깐 철판 위에 반죽 끝이 바닥을 향하도록 팬닝한다.

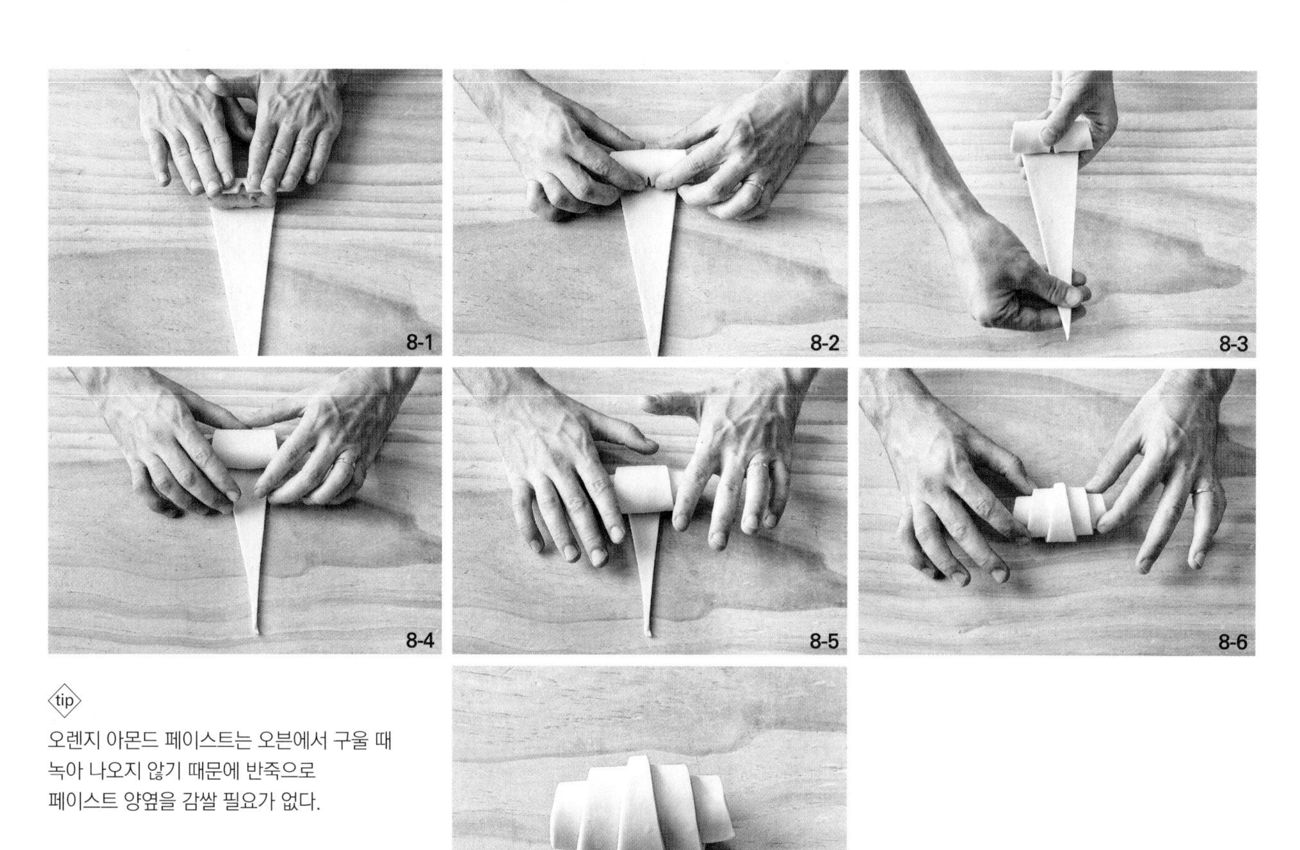

tip

오렌지 아몬드 페이스트는 오븐에서 구울 때
녹아 나오지 않기 때문에 반죽으로
페이스트 양옆을 감쌀 필요가 없다.

10 붓으로 달걀물을 바르고 온도 27℃, 습도 70~80% 발효실에서 약 2시간 30분 동안 발효시킨다.

tip. 달걀물 분량 및 공정은 p.31 참조.

tip. 달걀물은 버터 층 단면에 흘러내리지 않을 정도로 얇고 가볍게 바른다.

11 붓으로 달걀물을 한 번 더 바른다.

tip. 달걀물을 두 번 바르면 구웠을 때 윤기가 잘 나고 먹음직스러운 갈색이 된다.
또한 표면의 수분감을 유지시켜 최적의 작업 조건을 갖출 수 있다.

12 윗면 가운데 일직선으로 아몬드 분태를 뿌린다.

13 데크 오븐의 경우 윗불 205℃, 아랫불 200℃,
컨벡션 오븐의 경우 170℃에서 16분 동안 구운 다음 식힌다.

14 데코스노를 윗면 전체에 가볍게 뿌린다.

코코넛&라임 크루아상

Croissant noix de coco-citron vert

코코넛과 라임의 가르니튀르를 넣은 크루아상이다. 향긋한 향을 위해 라임제스트를 직접 갈아 넣고
코코넛&라임 크림을 만들 때 입자가 고운 코코넛파우더를 사용하는 것이 포인트이다.

개수 30개 분량 | **접는 횟수** 3절 1회×4절 1회 | **버터 층** 12겹

ingredients

-

[코코넛&라임 크림]

버터 160g
설탕 160g
코코넛파우더 160g
라임제스트 1개 분량
달걀 120g

[코코넛 크루아상 반죽]

강력분 750g
프랑스밀가루(트레디션T65) 250g
물 160g
코코넛밀크 400g
소금 20g
설탕 140g
생이스트 50g
버터 100g
충전용 버터 500g

[마무리]

달걀물 적당량
시럽 적당량
코코넛롱 적당량

코코넛&라임 크림

1 코코넛&라임 크림 재료를 준비한다.
2 스탠드 믹서볼에 포마드 상태의 버터와 설탕을 넣고 비터로 섞는다.
3 코코넛파우더, 라임제스트를 넣고 고르게 섞는다.
4 보슬보슬한 상태로 잘 섞이면 달걀을 넣고 균일하게 섞는다.
5 개당 20g씩 30개로 분할하고 6㎝ 길이의 소시지 모양으로 만들어 냉장 보관한다.

1

ready

-

라임제스트, 설탕, 달걀, 코코넛파우더, 버터,

입자가 고운 코코넛파우더를 사용해야 고루 잘 섞이고 크루아상을 먹었을 때 이질감이 느껴지지 않는다.

2 3 4-1 4-2 4-3

코코넛 크루아상 반죽

6 믹서볼에 충전용 버터를 제외한 모든 재료를 넣고 1단에서 3분 동안 믹싱하면서 재료를 섞는다(기본 온도 46~50℃).

tip. 클래식 크루아상 반죽에 비해 수분 함량(물+코코넛밀크)이 높은 것은 진한 농도의 코코넛밀크에 들어 있는 수분량이 적어 수화 능력이 떨어지기 때문이다. 따라서 클래식 크루아상보다 많은 양의 수분이 필요하다.

7 믹싱부터 성형 이전까지는 p.16 클래식 크루아상 기본 반죽 만들기 공정 ①~㉜와 동일하다.

tip. 코코넛 크루아상 반죽은 930g씩 두 덩어리로 분할한 다음 각각 250g씩 충전용 버터를 넣어 접는다.

8 밑변 9㎝, 높이 28㎝ 삼각형 15개를 재단한 다음 밑변 가운데에 1㎝ 정도의 칼집을 낸다.

tip. 930g 반죽 한 개당 15개, 총 30개가 나온다.

마무리

9 반죽의 밑변 가까이에 ⑤의 코코넛&라임 크림 1개를 올린다.
   tip. 코코넛&라임 크림은 사용 전까지 냉장 보관한다.

10 칼집 낸 밑변 반죽을 양옆으로 살짝 당기면서 반죽 양끝으로 코코넛&라임 크림을 감싼다.

tip
오븐에서 구울 때 크림이 녹아 나와
탈 수 있으므로 크림을 반죽 양밑으로 감싸 말아준다.

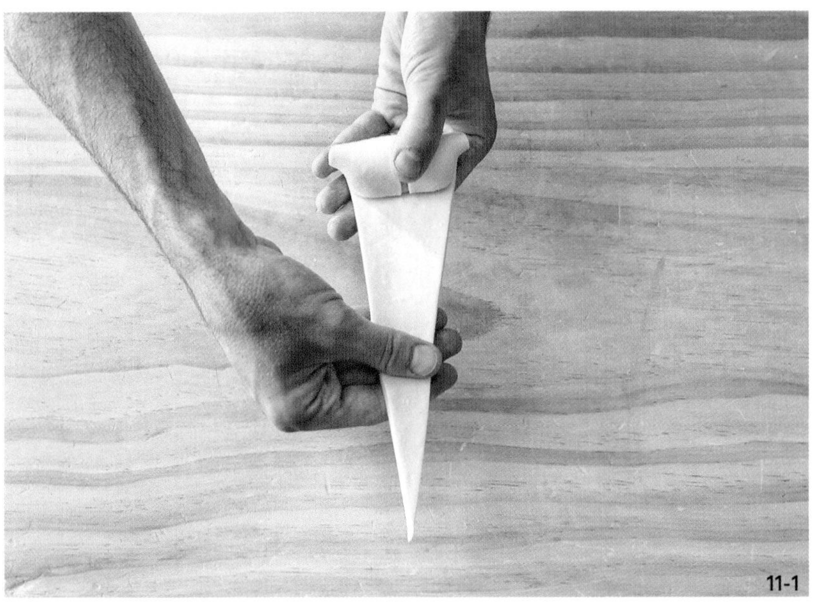
11-1

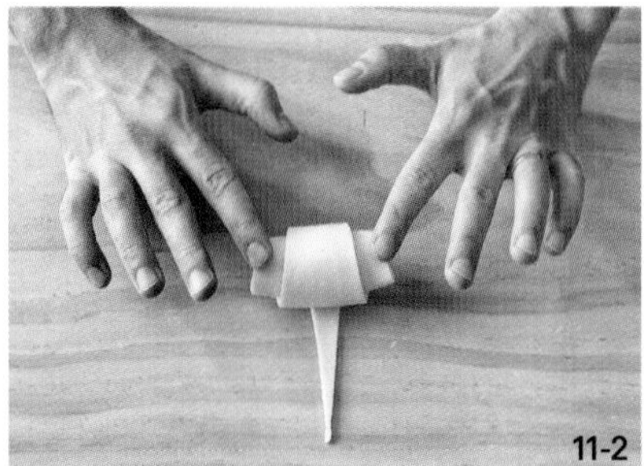
11-2

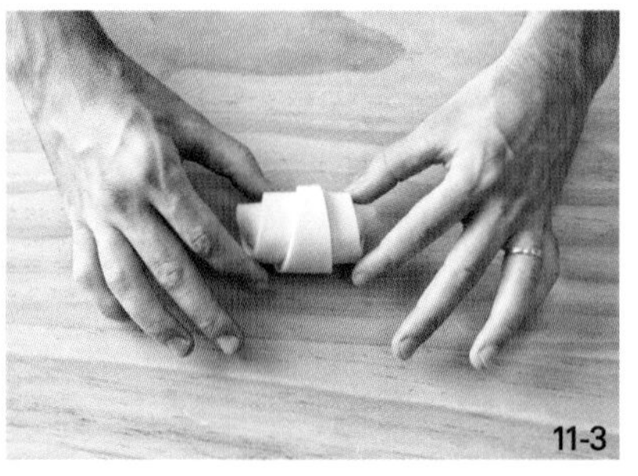
11-3

11 반죽을 말면서 크루아상 모양으로 성형한다.

12 유산지를 깐 철판 위에 반죽 끝이 바닥을 향하도록 팬닝한다.

13 붓으로 달걀물을 바른다.

tip. 달걀물 분량 및 공정은 p.31 참조.

tip. 달걀물은 버터 층 단면에 흘러내리지 않을 정도로 얇고 가볍게 바른다.

13

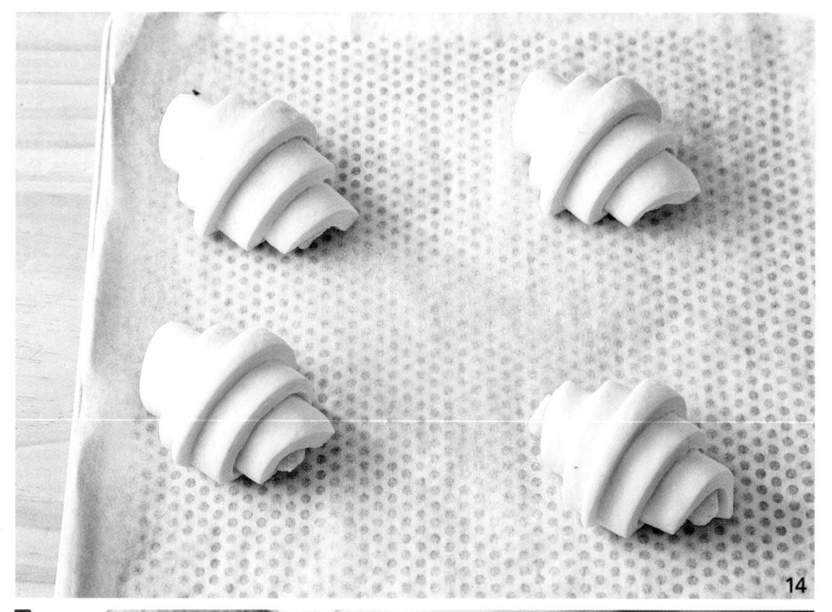

14 온도 27℃, 습도 70~80% 발효실에서 약 2시간 30분 동안 발효시킨다.

15 붓으로 달걀물을 한 번 더 바른다.

tip. 달걀물을 두 번 바르면 구웠을 때 윤기가 잘 나고 먹음직스러운 갈색이 된다. 또한 표면의 수분감을 유지시켜 최적의 작업 조건을 갖출 수 있다.

16 데크 오븐의 경우 윗불 205℃, 아랫불 200℃, 컨벡션 오븐의 경우 170℃에서 16분 동안 굽는다.

17 오븐에서 꺼내자마자 붓으로 시럽을 가볍게 바른다.

tip. 뜨거울 때 바르면 크루아상의 잔열에 의해 시럽이 건조되면서 광택과 바삭함이 오래간다.
식은 뒤에 바르면 시럽 상태 그대로 끈적하게 남는다.

tip. 시럽 분량 및 공정은 p.31 참조.

18 가운데 코코넛롱을 올린다.

17

18

산딸기 투톤 크루아상

Croissant bicolore framboise

새콤달콤한 산딸기 크림을 넣은 산딸기색 투톤 크루아상이다.
구울 때 색이 변할 수 있으므로 다른 크루아상보다 낮은 온도에서 굽는 것이 포인트이다.

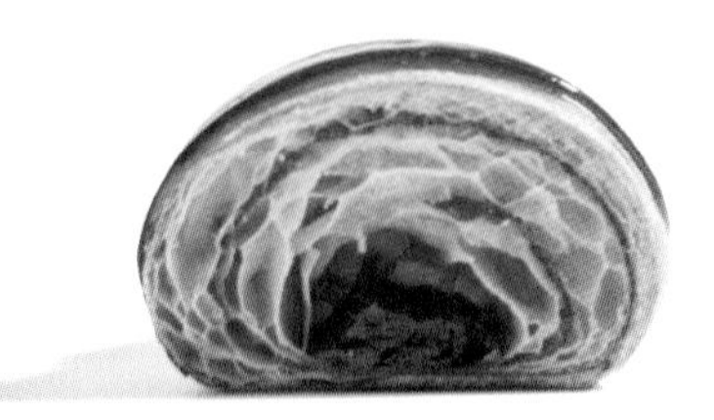

개수 30개 분량 | **접는 횟수** 3절 1회×4절 1회 | **버터 층** 12겹

ingredients

-

[산딸기 크림]
설탕 100g
옥수수전분 50g
산딸기 퓌레 500g

[산딸기 투톤 반죽]
클래식 크루아상 반죽 250g
(충전용 버터를 제외한
1,800g의 반죽 중 250g 사용)
적색식용색소 3g
버터 8g
프랑스밀가루(트레디션T65) 8g

[클래식 크루아상 반죽]
강력분 750g
프랑스밀가루(트레디션T65) 250g
물 420g
달걀 50g
소금 20g
설탕 140g
생이스트 45g
버터 125g
충전용 버터 500g

[마무리]
시럽 적당량

산딸기 크림

1 산딸기 크림 재료를 준비한다.
2 설탕과 옥수수전분을 섞는다.
tip. 옥수수전분을 입자가 큰 설탕과 미리 섞어두면 수분 재료와 잘 섞인다.
3 냄비에 산딸기 퓌레와 ②를 넣고 거품기로 잘 섞는다.
tip. 퓌레와 전분을 완전히 섞지 않은 상태에서 열을 가하면 덩어리져서 잘 풀어지지 않는다.
4 불에 올리고 눋지 않게 거품기로 고루 저어가면서 끓인다.
5 큰 거품이 일면서 끓기 시작하면 1분 동안 더 끓인다.
6 크림을 거품기로 떴을 때 덩어리지면서
주르르 흐르는 정도의 묽기가 되면 불에서 내린다.
7 짤주머니에 크림을 담는다.
8 직사각형 실리콘 몰드에 개당 20g씩 30개를 짠 다음 냉동고에서 굳힌다.
9 완전히 굳으면 몰드를 제거하고 냉동 보관한다.

1

ready

-

설탕, 산딸기 퓌레, 옥수수전분

3

4

6

7

8

실리콘 몰드 사이즈(개당) 44×18×20㎜

산딸기
투톤 반죽

10 산딸기 투톤 반죽 재료를 준비한다.
11 스탠드 믹서볼에 산딸기 투톤 반죽의 모든 재료를 넣고 비터로 균일하게 섞은 다음 반으로 나눈다.
12 작업용 비닐 위에 반죽을 각각 올리고 비닐을 약 18×18㎝ 크기로 접은 다음 균일한 두께로 밀어 편다.
13 냉장 보관한다.

10

11-1

11-2

ready

-

클래식 크루아상 반죽, 버터, 적색식용색소,
프랑스밀가루(트레디션T65)

클래식
크루아상 반죽

14 믹싱부터 성형 이전까지는 p.16 클래식 크루아상 기본 반죽 만들기 공정 ①~㉖과 동일하다.

tip. 투톤용 반죽 250g을 뺀 나머지 반죽을 775g씩 두 덩어리로 분할한 다음 각각 250g씩 충전용 버터를 넣어 접는다.

15 ⑬의 산딸기 투톤 반죽 비닐의 윗면을 조심스럽게 벗긴다.

16 ⑮ 위에 ⑭의 반죽을 올리고 잘 눌러 붙인다.

17 비닐째 뒤집은 다음 손바닥으로 문지르면서 투톤 반죽을 한 번 더 밀착시킨다.

18 윗면의 비닐을 제거하고 -18℃ 냉동고에서 20분, 1℃ 냉장고에서 20분 동안 휴지시킨다.

19 파이롤러를 이용해 반죽을 50×28㎝ 직사각형으로 밀어 편 다음 1℃ 냉장고에서 약 20분 동안 휴지시킨다.

20 다시 파이롤러를 이용해 두께 3.5㎜, 77×28㎝ 직사각형으로 밀어 편다.

15

16-1

16-2

tip

차가운 상태에서 작업하는 것이 편리하기 때문에 산딸기 투톤 반죽은 사용 전까지 냉장 보관한다.

17

18

21 아래위 테두리를 얇게 잘라내고 밑변 9㎝, 높이 28㎝ 삼각형 15개를 재단한다.

tip. 775g 반죽 한 개당 15개, 총 30개가 나온다.

22 밑변 가운데에 1㎝ 정도의 칼집을 낸다.

마무리

23 산딸기 투톤 반죽이 바닥에 오도록 놓고 밑변 가까이에 ⑨의 산딸기 크림 1개를 올린다.
24 칼집 낸 밑변 반죽을 양옆으로 살짝 당기면서 반죽 양끝으로 산딸기 크림을 감싼다.
25 반죽을 밑변부터 둥글게 말면서 크루아상 모양으로 성형한다.

오븐에서 구울 때 크림이 녹아 나와 탈 수 있으므로 크림을 반죽 양끝으로 감싸 말아준다.

24

25-1

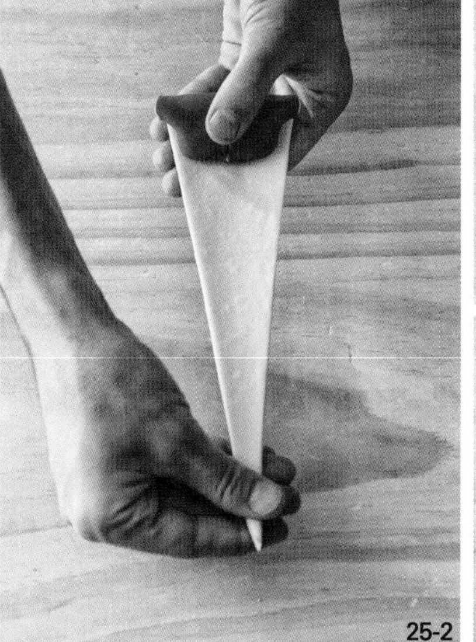

25-2

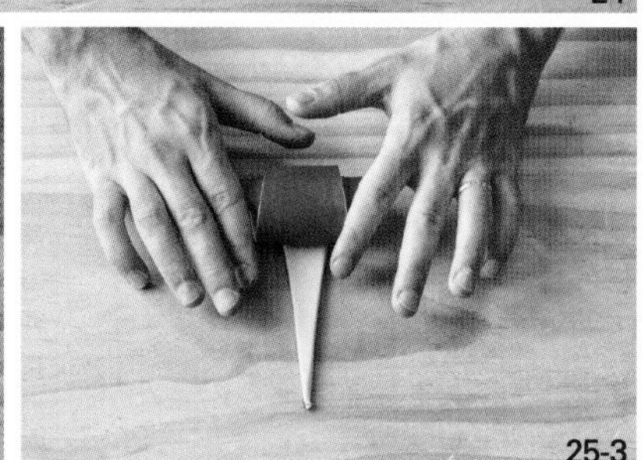

25-3

25-4

tip

성형할 때 클래식 크루아상 반죽보다 조금 덜 늘이고 조금 더 조심스럽게 말아야 한다. 당기는 힘에 의해 산딸기 투톤 반죽의 층이 얇아져 찢어질 수 있기 때문이다.

27-1

27-2

26 유산지를 깐 철판 위에 반죽 끝이 바닥을 향하도록 팬닝한다.

27 온도 27℃, 습도 70~80% 발효실에서 약 2시간 30분 동안 발효시킨다.

28 160℃ 컨벡션 오븐에서 18분 동안 굽는다.

tip. 구울 때 투톤 반죽의 색이 변할 수 있으므로 다른 크루아상보다 낮은 온도에서 굽는다.

29 오븐에서 꺼내자마자 붓으로 시럽을 가볍게 바른다.

tip. 뜨거울 때 바르면 크루아상의 잔열에 의해 시럽이 건조되면서 광택과 바삭함이 오래간다. 식은 뒤에 바르면 시럽 상태 그대로 끈적하게 남는다.

tip. 시럽 분량 및 공정은 p.31 참조.

29

카카오&프랄리네 투톤 크루아상

Croissant bicolore cacao-praliné

밀크초콜릿과 헤이즐넛 프랄리네의 가르니튀르를 넣은 초콜릿색 투톤 크루아상이다.
시럽은 구운 뒤 뜨거울 때 발라야 광택과 바삭함이 오래간다.

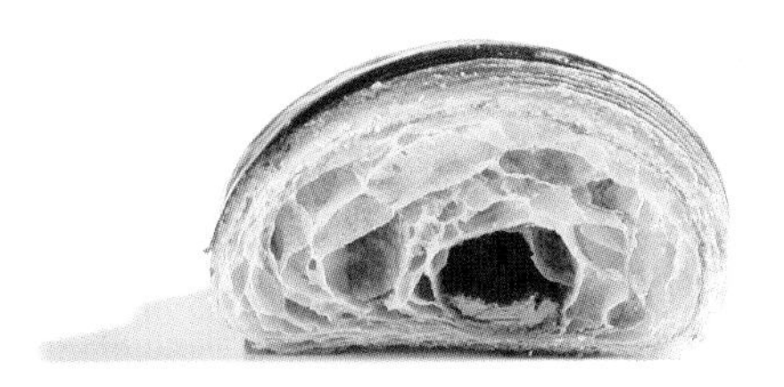

개수 30개 분량 | **접는 횟수** 3절 1회×4절 1회 | **버터 층** 12겹

ingredients

-

[초콜릿 프랄리네 가르니튀르]
밀크초콜릿(카카오 함량 40%) 300g
헤이즐넛 프랄리네 300g
헤이즐넛 분태 적당량

[초콜릿 투톤 반죽]
클래식 크루아상 반죽 250g
(충전용 버터를 제외한
1,800g의 반죽 중 250g 사용)
코코아파우더 10g
버터 10g
물 10g

[클래식 크루아상 반죽]
강력분 750g
프랑스밀가루(트레디션T65) 250g
물 420g
달걀 50g
소금 20g
설탕 140g
생이스트 45g
버터 125g
충전용 버터 500g

[마무리]
시럽 적당량

초콜릿
프랄리네
가르니튀르

1 초콜릿 프랄리네 가르니튀르 재료를 준비한다.
2 밀크초콜릿을 중탕으로 녹인 다음 헤이즐넛 프랄리네를 넣는다.
3 밀크초콜릿과 헤이즐넛 프랄리네를 고무주걱으로 잘 섞는다.
4 짤주머니에 담고 직사각형 실리콘 몰드의 1/2 높이까지 짠다.
5 구운 헤이즐넛 분태를 뿌린다.
6 다시 몰드 높이까지 가르니튀르를 짠 다음 냉동고에서 굳힌다.
   tip. 반으로 잘라 사용하므로 총 15개를 짠다.
7 몰드를 제거하고 반으로 자른 다음 냉장 보관한다.

1

ready

-

헤이즐넛 분태, 밀크초콜릿(카카오 함량 40%),
헤이즐넛 프랄리네

2

3

4

5

tip

헤이즐넛 분태는 160℃ 오븐에서
5분 동안 구워 사용한다.

실리콘 몰드 사이즈(개당) 105×10×10㎜
6

초콜릿
투톤 반죽

8 초콜릿 투톤 반죽 재료를 준비한다.
9 스탠드 믹서볼에 초콜릿 투톤 반죽의 모든 재료를 넣고
비터로 균일하게 섞은 다음 반으로 나눈다.
10 작업용 비닐 위에 반죽을 각각 올리고 비닐을 약 18×18㎝ 크기로 접는다.
11 밀대를 이용해 반죽을 균일한 두께로 밀어 편다.
12 냉장 보관한다.

8

ready

-

클래식 크루아상 반죽, 코코아파우더, 물, 버터

9-1
9-2
10
11-1
11-2
11-3

클래식
크루아상 반죽

13 믹싱부터 성형 이전까지는 p.16 클래식 크루아상 기본 반죽 만들기 공정 ①~㉖과 동일하다.

tip. 투톤용 반죽 250g을 뺀 나머지 반죽을 775g씩 두 덩어리로 분할한 다음
각각 250g씩 충전용 버터를 넣어 접는다.

14 ⑫의 초콜릿 투톤 반죽 비닐의 윗면을 조심스럽게 벗긴다.

15 ⑭ 위에 ⑬의 반죽을 올리고 잘 눌러 붙인다.

16 비닐째 뒤집은 다음 윗면의 비닐을 제거한다.

14

15-1

15-2

차가운 상태에서 작업하는 것이 편리하기 때문에
초콜릿 투톤 반죽은 사용 전까지 냉장 보관한다.

16-1

16-2

18

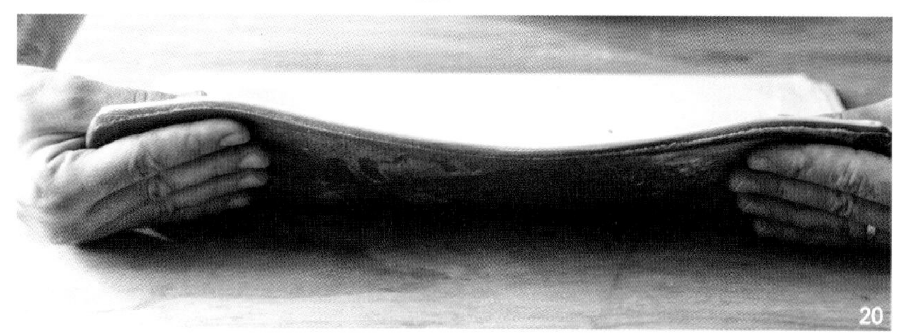
20

17 −18℃ 냉동고에서 20분, 1℃ 냉장고에서 20분 동안 휴지시킨다.

18 파이롤러를 이용해 반죽을 50×28㎝ 직사각형으로 밀어 편다.

19 1℃ 냉장고에서 약 20분 동안 휴지시킨다.

20 파이롤러를 이용해 두께 3.5㎜, 77×28㎝ 직사각형으로 밀어 편다.

21 아래위 테두리를 얇게 잘라낸다.

22 밑변 9㎝, 높이 28㎝ 삼각형 15개를 재단한다.

tip. 775g 반죽 한 개당 15개, 총 30개가 나온다.

23 밑변 가운데에 1㎝ 정도의 칼집을 낸다.

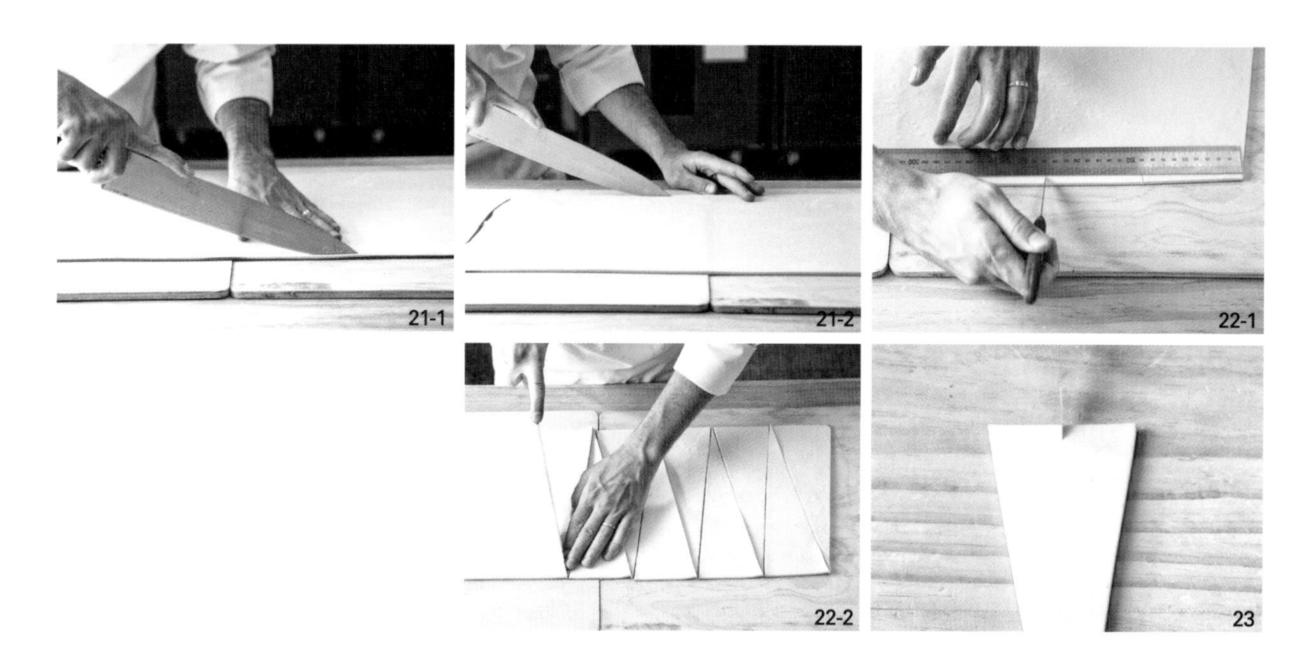
21-1 21-2 22-1 22-2 23

마무리

24 초콜릿 투톤 반죽이 바닥에 오도록 놓고 밑변 가까이에 ⑦의 가르니튀르 1개를 올린다.
25 반죽을 밑변부터 둥글게 말면서 크루아상 모양으로 성형한다.

tip

성형할 때 클래식 크루아상보다 조금 덜 늘이고 조금 더 조심스럽게 말아야 한다.
당기는 힘에 의해 초콜릿 투톤 반죽의 층이 얇아져 찢어질 수 있기 때문이다.

27-1
27-2

26 유산지를 깐 철판 위에 반죽 끝이 바닥을 향하도록 팬닝한다.

27 온도 27℃, 습도 70~80% 발효실에서 약 2시간 30분 동안 발효시킨다.

28 데크 오븐의 경우 윗불 205℃, 아랫불 200℃,
컨벡션 오븐의 경우 170℃에서 16분 동안 굽는다.

29 오븐에서 꺼내자마자 붓으로 시럽을 가볍게 바른다.

tip. 뜨거울 때 바르면 크루아상의 잔열에 의해 시럽이 건조되면서 광택과 바삭함이 오래간다.
식은 뒤에 바르면 시럽 상태 그대로 끈적하게 남는다.

tip. 시럽 분량 및 공정은 p.31 참조.

28

캐러멜&바닐라 크루아상

Croissant caramel vanille

크루아상에 바닐라&캐러멜 크림을 충전한 제품이다.
크루아상에 채우는 크림을 충분히 휘핑해서 가벼운 상태로 사용하는 것이 포인트이다.

개수 30개 분량 | **접는 횟수** 4절 2회 | **버터 층** 16겹

ingredients

-

[바닐라 캐러멜]

설탕 660g
생크림(유지방 35%) 440g
버터 440g
바닐라 빈 4개
소금 12g

[클래식 크루아상 반죽]

강력분 750g
프랑스밀가루(트레디션T65) 250g
물 420g
달걀 50g
소금 20g
설탕 140g
생이스트 45g
버터 125g
충전용 버터 500g

[마무리]

식용금박 적당량

바닐라 캐러멜

1 바닐라 캐러멜 재료를 준비한다.
2 냄비를 약불에 올리고 설탕을 조금씩 나눠 넣으면서 천천히 녹인다.
3 원하는 캐러멜색이 나면 일단 불을 끈다.
tip. 캐러멜색을 진하게 내면 쓴맛이 강해진다. 기호에 따라 태우는 정도를 조절한다.
4 따뜻하게 데운 생크림을 조금씩 조심스럽게 부으면서 거품기로 섞는다.
5 다시 불에 올려 110℃가 될 때까지 끓인다.
6 볼에 옮겨 담고 35℃가 될 때까지 식힌다.
tip. 캐러멜이 뜨거우면 버터를 넣었을 때 완전히 녹아버려서
원하는 텍스처의 크림을 만들 수 없다.
7 ⑥의 볼에 포마드 상태의 버터, 바닐라 빈을 반으로 갈라 긁어낸 씨,
소금을 넣는다.
8 텍스처가 가벼워질 때까지 거품기로 충분히 휘핑한 다음 냉장 보관한다.

1

ready
-
설탕, 버터+바닐라 빈, 소금,
생크림(유지방 35%)

설탕을 한꺼번에 전부 넣으면 녹는 데
시간이 오래 걸리고 타거나 덩어리지기 쉽다.

2-1

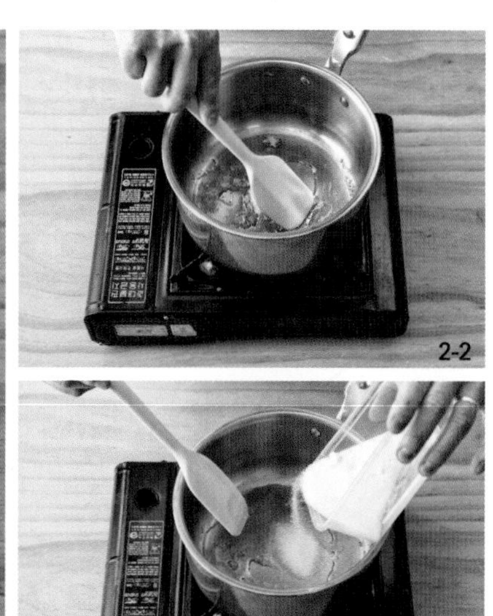
2-2
2-3

차가운 생크림을 넣으면
캐러멜과의 온도차로 인해
급격하게 거품이 일어 화상을 입을 수 있다.

클래식
크루아상 반죽

9 믹싱부터 굽기까지는 p.16 클래식 크루아상 기본 반죽 만들기 공정 ①~㊸과 동일하다.

tip. 크림을 충전하는 크루아상은 4절 2회(p.33 참조)를 접는다.

마무리

10 크림주입용 모양깍지를 넣은 짤주머니에 ⑧의 바닐라 캐러멜을 담는다.

tip. 사용 전에 실온에 꺼내두었다가 거품기로 다시 휘핑해서 짤주머니에 담는다.

11 완전히 식힌 ⑨의 크루아상 옆면에 개당 45g씩 ⑩의 바닐라 캐러멜을 짜서 속을 채운다.

12 윗면에 바닐라 캐러멜을 조금 짠다.

13 캐러멜 위에 식용금박을 올려 장식한다.

에그조티크 크루아상

Croissant exotique

크루아상에 패션프루츠와 망고 퓌레, 라임제스트 베이스의 크림을 충전한 제품이다.
풍부한 라임 향을 위해 패션&망고 크림을 차갑게 식힌 다음 라임제스트를 섞는 것이 이 크림의 포인트이다.

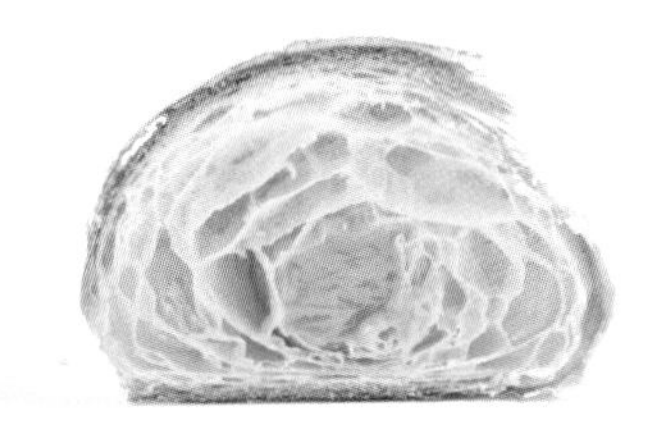

개수 30개 분량 | **접는 횟수** 4절 2회 | **버터 층** 16겹

ingredients

-

[에그조티크 크림]

설탕 270g
옥수수전분 76g
망고 퓌레 540g
패션프루츠 퓌레 540g
라임제스트 2개 분량

[패션프루츠 글라스 아 로]

패션프루츠 퓌레 250g
물 250g
슈거파우더 2,000g

[클래식 크루아상 반죽]

강력분 750g
프랑스밀가루(트레디션T65) 250g
물 420g
달걀 50g
소금 20g
설탕 140g
생이스트 45g
버터 125g
충전용 버터 500g

[마무리]

라임제스트 적당량

에그조티크 크림

1 에그조티크 크림 재료를 준비한다.
2 설탕과 옥수수전분을 섞는다.
 tip. 옥수수전분을 입자가 큰 설탕과 미리 섞어두면 수분 재료와 잘 섞인다.
3 냄비에 두 가지 퓌레와 ②를 넣고 거품기로 잘 섞는다.
 tip. 퓌레와 전분을 완전히 섞지 않은 상태에서 열을 가하면 덩어리져서 잘 풀어지지 않는다.
4 불에 올리고 눋지 않게 거품기로 고루 저어가면서 끓인다.
5 큰 거품이 일면서 끓기 시작하면 1분 동안 더 끓인다.
6 크림을 거품기로 떴을 때 약간 덩어리지면서 주르르 흐르는 정도의 묽기가 되면 불에서 내린다.
7 볼에 옮겨 담고 냉장고에서 차갑게 식힌다.

1

ready

-

설탕, 옥수수전분, 망고 퓌레, 패션프루츠 퓌레, 라임제스트

3

5

6

8

9

10

8 고무주걱으로 크림을 부드럽게 푼다.

9 제스터를 이용해 라임껍질을 벗긴다.

tip. 속껍질인 흰 부분은 쓴맛이 나기 때문에 겉껍질만 얇게 제스터로 갈아 사용한다.

10 ⑧의 크림과 라임제스트를 잘 섞는다.

tip. 차갑게 식힌 상태의 크림에 라임제스트를 갈아 넣고 바로 충전하면 더욱 풍부한 라임 향을 낼 수 있다.

패션프루츠
글라스
아 로

11

ready

-

슈거파우더, 패션프루츠 퓌레, 물,

11 패션프루츠 글라스 아 로 재료를 준비한다.

12 볼에 글라스 아 로 재료를 모두 넣고 거품기로 섞는다.

13 냉장 보관한다.

tip. 글라스 아 로는 실제 사용량보다 많이 만드는 것이 크루아상에 씌울 때 작업이 편리하다.

글라스 아 로(Glace à l'eau)는 아이싱(Icing)을 뜻하는 프랑스어로, 파운드케이크, 크루아상 등에 씌우거나 뿌리는 용도로 많이 사용한다. 슈거파우더와 물을 섞으면 글라스 아 로, 슈거파우더와 흰자를 섞으면 글라스 로얄(Glace royale)이라고 부른다. 글라스 로얄은 장식용, 접착용으로 쓰인다.

12-1

12-2

클래식
크루아상 반죽

14 믹싱부터 굽기까지는 p.16 클래식 크루아상 기본 반죽 만들기 공정 ①~㊸과 동일하다.

tip. 크림을 충전하는 크루아상은 4절 2회(p.33 참조)를 접는다.

마무리

15 ⑩의 에그조티크 크림을 거품기로 부드럽게 푼 다음
크림주입용 모양깍지를 넣은 짤주머니에 담는다.
16 완전히 식힌 ⑭의 크루아상 옆면에 개당 45g씩 ⑮의 에그조티크 크림을 짜서 속을 채운다.
17 ⑬의 패션프루츠 글라스 아 로에 크루아상 윗면을 담가 씌운다.
18 식힘망 위에 올려 여분의 글라스 아 로를 제거한다.
19 라임제스트를 살짝 뿌리고 90℃ 컨벡션 오븐에서 댐퍼를 열고 4분간 건조시킨다.
tip. 오븐의 댐퍼를 열면 보다 효율적으로 잘 마른다.

16

17-1
17-2
18
19

Lotus
Lotus
Lotus

스페퀼로스 크루아상

Croissant spéculos

크루아상에 스페퀼로스 페이스트로 맛을 낸 크림을 충전한 제품이다.
단단하고 차가운 상태의 스페퀼로스 크림을 충분히 잘 풀어서 가볍게 만들어 사용하는 것이 좋다.

개수 30개 분량 | **접는 횟수** 4절 2회 | **버터 층** 16겹

ingredients

-

[스페퀼로스 크림]
우유 920g
노른자 146g
설탕 146g
옥수수전분 38g
버터 92g
스페퀼로스 페이스트 184g

[클래식 크루아상 반죽]
강력분 750g
프랑스밀가루(트레디션T65) 250g
물 420g
달걀 50g
소금 20g
설탕 140g
생이스트 45g
버터 125g
충전용 버터 500g

[마무리]
스페퀼로스 쿠키 30개
데코스노 적당량

스페퀼로스 크림

1 스페퀼로스 크림 재료를 준비한다.
2 냄비에 우유를 넣고 불에 올려 데운다.
3 볼에 노른자와 설탕을 넣고 거품기로 하얗게 될 때까지 섞는다.
4 옥수수전분을 넣고 섞는다.

1

ready

-

버터, 스페퀼로스 페이스트, 우유, 노른자,
설탕, 옥수수전분,

3

4

5-1

5-2

5 ④에 ②의 우유를 조금 넣고 섞은 다음 냄비에 전부 되돌려 섞는다.
6 다시 불에 올려 거품기로 섞어가면서 끓인다.
7 큰 거품이 일면서 끓기 시작하면 1분 동안 더 끓인다.

5-3

6

8-1

8-2

8 불을 끄고 포마드 상태의 버터, 스페퀼로스 페이스트를 넣고 거품기로 섞는다.
9 크림을 거품기로 떴을 때 부드럽게 흘러내리는 정도의 묽기가 되면 적당하다.
10 볼에 옮겨 담고 냉장 보관한다.

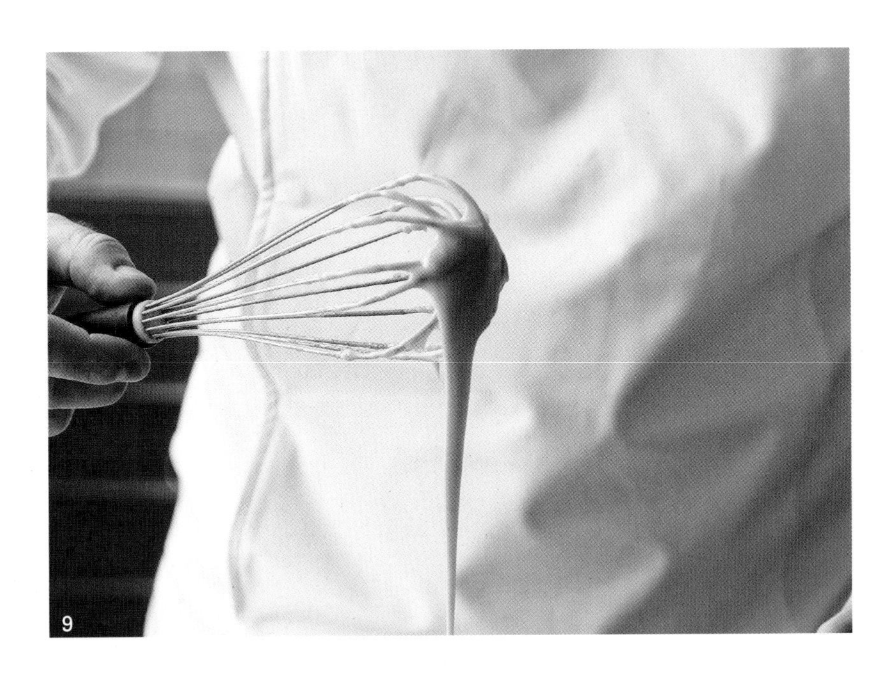
9

클래식
크루아상 반죽

11 믹싱부터 굽기까지는 p.16 클래식 크루아상 기본 반죽 만들기 공정 ①~㊸과 동일하다.

tip. 크림을 충전하는 크루아상은 4절 2회(p.33)를 접는다.

12

13

마무리

12 ⑩의 스페퀼로스 크림을 거품기로 부드럽게 푼 다음 크림주입용 모양깍지를 넣은 짤주머니에 담는다.
13 완전히 식힌 ⑪의 크루아상 옆면에 개당 45g씩 ⑫의 스페퀼로스 크림을 짜서 속을 채운다.
14 스페퀼로스 쿠키 뒷면에 스페퀼로스 크림을 조금 짜서 크루아상에 비스듬히 올린다.
15 크루아상 양끝에 데코스노를 가볍게 뿌린다.

14-1

14-2

15

아몬드 크루아상

Croissant aux amandes

럼 시럽을 듬뿍 바르고 아몬드 크림을 올려 굽는 프랑스의 대표적인 크루아상 응용 제품이다.
전날 구운 크루아상을 냉장고에 보관했다가 굳혀 사용하는 것이 작업하기에 편리하다.

개수 30개 분량

ingredients

-

[아몬드 크림]
아몬드파우더 520g
설탕 520g
버터 520g
달걀 470g
다크 럼 50g
옥수수전분 52g

[럼 시럽]
물 200g
설탕 200g
다크 럼 20g

[마무리]
전날 구운 클래식 크루아상 30개
아몬드 슬라이스 적당량
데코스노 적당량

아몬드 크림

1

ready

-

달걀, 옥수수전분, 다크 럼,
아몬드파우더, 설탕, 버터

1 아몬드 크림 재료를 준비한다.

2 스탠드 믹서볼에 모든 재료를 넣고 비터로 균일하게 섞는다.

tip. 실온 상태의 포마드 버터와 실온 상태의 달걀을 사용한다.
재료가 너무 차가우면 분리되기 쉽다.

3 납작한 모양깍지를 넣은 짤주머니에 담아 바로 사용한다.

2-1

2-2

럼 시럽

4 럼 시럽 재료를 준비한다.
5 냄비를 불에 올리고 럼을 제외한 나머지 재료를 모두 넣고 거품기로 저어가면서 끓인다.
6 설탕이 완전히 녹으면 불을 끄고 럼을 넣은 다음 식힌다.
7 냉장 보관한다.

4

ready

-

물, 설탕, 다크 럼

5

6

마무리

8 빵칼로 크루아상을 반으로 슬라이스한다.
9 슬라이스한 양면을 나란히 펼쳐 놓고 붓으로 ⑦의 럼 시럽을 바른다.
10 ⑨의 바닥 부분에 ③의 아몬드 크림을 개당 20g씩 펼쳐 짠다.
11 시럽을 바른 ⑨의 뚜껑 부분을 ⑩ 위에 덮는다.
12 윗면을 덮듯이 아몬드 크림을 개당 50g씩 짠다.
13 ⑫ 위에 아몬드 슬라이스를 충분히 뿌린다.
14 160℃ 컨벡션 오븐에서 25분 동안 구운 다음 식힘망 위에 올려 식힌다.
15 데코스노를 윗면 전체에 가볍게 뿌린다.

아몬드 크루아상에 사용하는 크루아상은
충분히 잘 구운 다음 냉장고에
하룻밤 보관하는 것이 중요하다.
차가운 곳에서 수분이 적당히 날아가면서
단단해지기 때문에 아몬드 크림을 짜서
구웠을 때 무게에 의해 주저앉지 않는다.

10

11

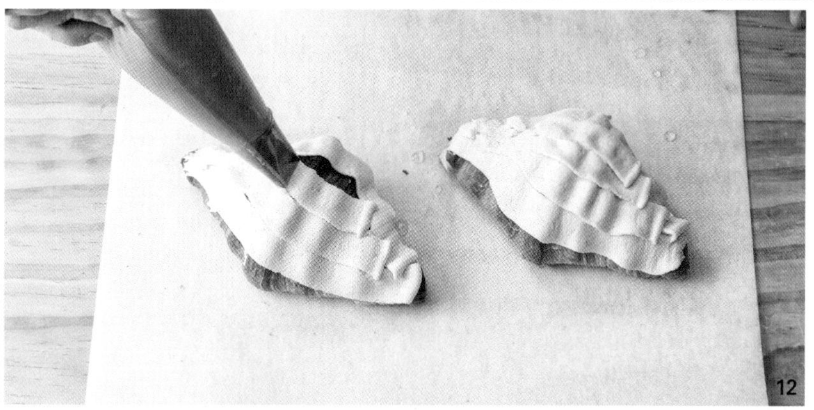
12

13

팽 오 쇼콜라

Pain au chocolat

클래식 크루아상 반죽을 직사각형으로 자른 다음 초콜릿 스틱을 넣어 만드는 팽 오 쇼콜라.
프랑스인들에게 크루아상 만큼이나 사랑받는 아이템이다. 4절 2회로 접은 반죽을 사용해 볼륨감 있게 구워낸다.

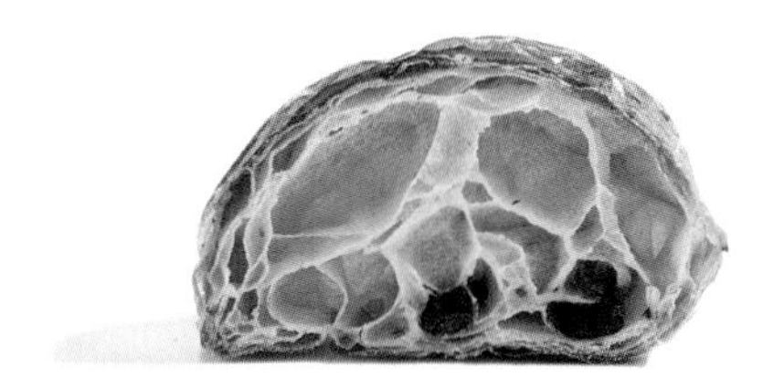

개수 32개 분량 | **접는 횟수** 4절 2회 | **버터 층** 16겹

ingredients

-

강력분 750g
프랑스밀가루(트레디션T65) 250g
물 420g
달걀 50g
소금 20g
설탕 140g
생이스트 45g
버터 125g
충전용 버터 500g

[마무리]
달걀물 적당량
충전용 초콜릿 스틱 64개

클래식
크루아상 반죽

1 믹싱부터 성형 이전까지는 p.16 클래식 크루아상 기본 반죽 만들기 공정 ①~㉙와 동일하다.

2 파이롤러를 이용해 두께 4㎜, 72×30㎝ 직사각형으로 밀어 편다.

3 반죽의 아래위 가장자리를 얇게 잘라낸다.

tip. 가장자리를 잘라내야 크루아상의 버터 층이 잘 생긴다.

1

4 반죽을 72×15㎝ 크기의 세로로 2등분한다.

5 다시 9×15㎝ 크기의 직사각형으로 8등분해서 16개를 재단한다.

tip. 900g 반죽 1개당 16개, 총 32개가 나온다.

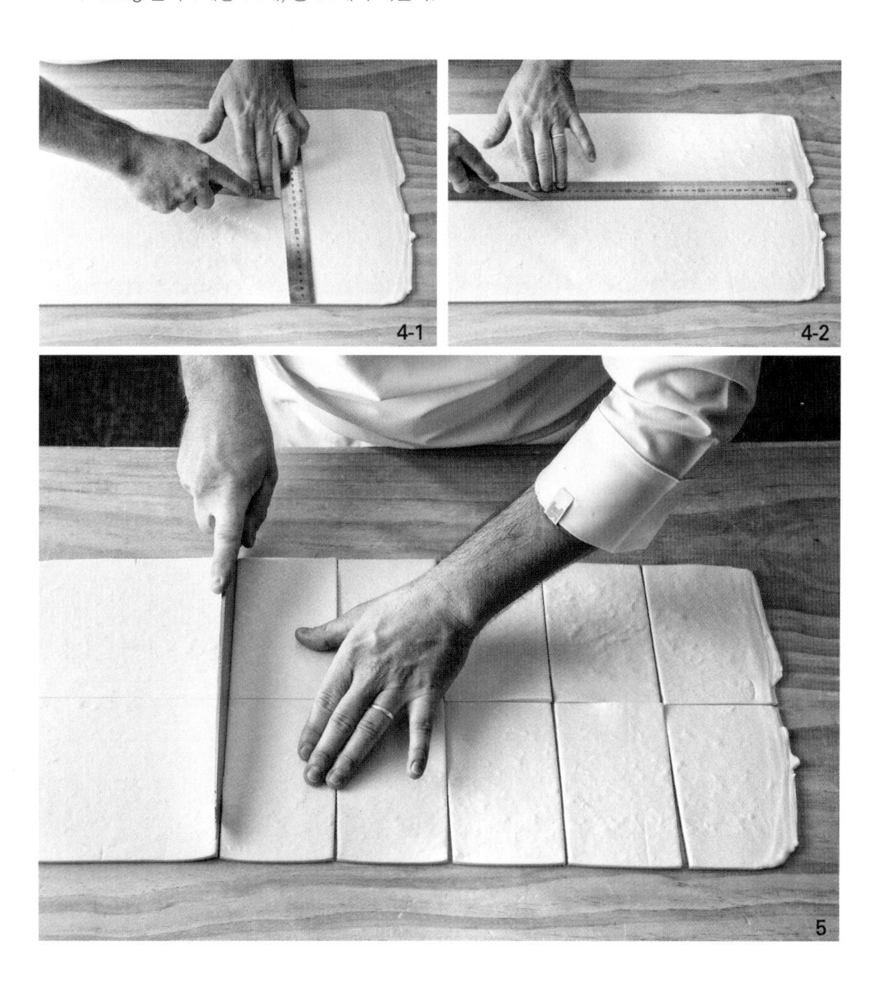

마무리

6 직사각형 반죽 끝부분에 초콜릿 스틱 1개를 올린다.
7 반죽을 한 바퀴 감고 다시 초콜릿 스틱 1개를 올린다.
tip. 팽 오 쇼콜라 1개당 초콜릿 스틱 2개를 사용한다.
8 힘을 뺀 손끝으로 돌돌 둥글게 말아준다.
tip. 세게 누르면 버터 층이 손상된다.
9 유산지를 깐 철판 위에 반죽 끝이 바닥을 향하도록 팬닝한다.
10 붓으로 달걀물을 바른다.
tip. 달걀물 분량 및 공정은 p.31 참조.
tip. 달걀물은 버터 층 단면에 흘러내리지 않을 정도로 얇고 가볍게 바른다.

6, 7-1, 7-2, 8-1, 8-2

11

11 온도 27℃, 습도 70~80% 발효실에서 약 2시간 30분 동안 발효시킨다.

12 붓으로 달걀물을 한 번 더 바른다.

tip. 달걀물을 두 번 바르면 구웠을 때 윤기가 잘 나고 먹음직스러운 갈색이 된다. 또한 표면의 수분감을 유지시켜 최적의 작업 조건을 갖출 수 있다.

13 데크 오븐의 경우 윗불 205℃, 아랫불 200℃, 컨벡션 오븐의 경우 170℃에서 16분 동안 굽는다.

12

라우겐 크루아상

Laugen croissant

가성소다로 브레첼처럼 특유의 선명한 색을, 펄솔트로 짭짤한 맛을 낸 크루아상이다.
클래식 크루아상보다 조금 더 부드러운 상태의 충전용 버터를 사용하는 것이 이 제품의 성형 포인트이다.

개수 24개 분량 | **접는 횟수** 3절 2회 | **버터 층** 9겹

ingredients

-

[가성소다 용액]
미지근한 물 1,000g
가성소다 50g

[라우겐 크루아상 반죽]
강력분 1,000g
우유 310g
물 310g
소금 20g
설탕 50g
생이스트 50g
버터 80g
충전용 버터 400g

[마무리]
펄솔트 적당량

가성소다 용액

1 볼에 미지근한 물을 담고 가성소다를 조금씩 넣으면서
거품기로 조심스럽게 섞어 완전히 녹인다.
tip. 찬물보다는 가성소다가 잘 녹을 수 있는 미지근한 물을 사용한다.

2 사용 전까지 랩을 씌워 실온에 보관한다.

1-1

1-2

라우겐
크루아상 반죽

3 믹서볼에 충전용 버터를 제외한 모든 재료를 넣고
1단에서 3분 동안 믹싱하면서 재료를 섞는다(기본 온도 46~50℃).

4 다시 1단에서 8분, 2단에서 3분 동안 믹싱한다
(반죽 상태 바타드, 반죽 온도 24℃).

tip. 바타드(Pâte bâtarde)는 글루텐이 적당히 생기고 탄력 있는 반죽 상태이다(p.22 설명 참조).

tip. 믹싱 시간은 스파이럴 믹서 기준이다. 버티컬 믹서의 경우
1단에서 8분, 2단에서 7~8분 믹싱한다.

5 910g씩 두 덩어리로 분할하고 둥글린다.

6 실온에서 약 20분 동안 휴지시킨다.

7 타원형으로 만든 다음 다시 20분 동안 휴지시킨다.

8 파이롤러를 이용해 반죽을 밀어 펴고 3절 1회를 접은 다음
40×20㎝ 직사각형으로 밀어 편다.

9 −18℃ 냉동고에서 약 1시간 냉동시킨다.

10 1℃ 냉장고에서 약 15시간 동안 천천히 저온 발효시킨다.

11 반죽 위에 20×20㎝ 정사각형으로 밀어 편 200g의 충전용 버터를 올리고
가운데로 모아서 접은 다음 3절 1회 접기를 두 번 한다.

tip. 라우겐의 충전용 버터는 클래식 크루아상의 충전용 버터보다
약간 더 부드러운 상태에서 사용하는 것이 좋다.
반죽에 탄력이 더 생기고 부드러워지며 접기 작업도 수월하다.

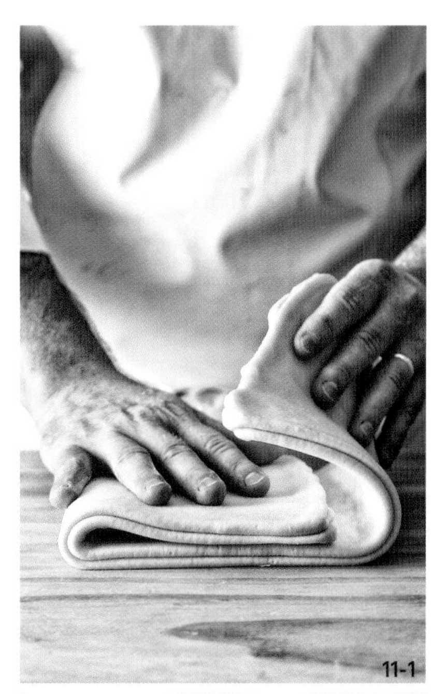
11-1

11-2

이 단계에서 버터 층은 총 9겹이다.
라우겐 크루아상은 결이 선명하게
잘 보이는 것이 좋기 때문에 3절 2회만 접는다.
또한 반죽에 넣는 버터의 양을 줄여
바삭한 식감을 살렸다.

12 -18℃ 냉동고에서 20분, 1℃ 냉장고에서 20분 동안 휴지시킨다.

13 파이롤러를 이용해 두께 4㎜, 57×28㎝ 직사각형으로 밀어 편다.

14 밑변 9.5㎝, 높이 28㎝ 삼각형 12개를 재단한다.

tip. 910g 반죽 한 개당 12개, 총 24개를 만들 수 있다.

15 밑변 가운데에 칼집을 내고 둥글게 말아 크루아상 모양으로 성형한다.

16 일회용 장갑을 끼고 ②의 가성소다 용액에 크루아상을 조심스럽게 담갔다가 건진다.

tip. 가성소다를 사용해야 라우겐 크루아상 고유의 색감과 맛, 향을 낼 수 있다.

17 철판에 유산지를 깔고 기름(분량 외)을 칠한 다음 그 위에 ⑰의 크루아상의 반죽 끝이 바닥을 향하도록 팬닝한다.

tip. 가성소다 용액에 담갔던 크루아상은 유산지 위에 그대로 올리면 달라붙기 쉽다.

18 온도 27℃, 습도 70~80% 발효실에서 약 1시간 30분 동안 2차 발효시킨다.

tip. 2차 발효 시간이 2시간 30분인 클래식 크루아상에 비해 라우겐 크루아상은 1시간 30분으로 짧다.
이는 이스트의 양이 많고 특히 이스트 활성을 억제하는 설탕이 매우 적게 들어가서 상대적으로 발효가 빨리 되기 때문이다.

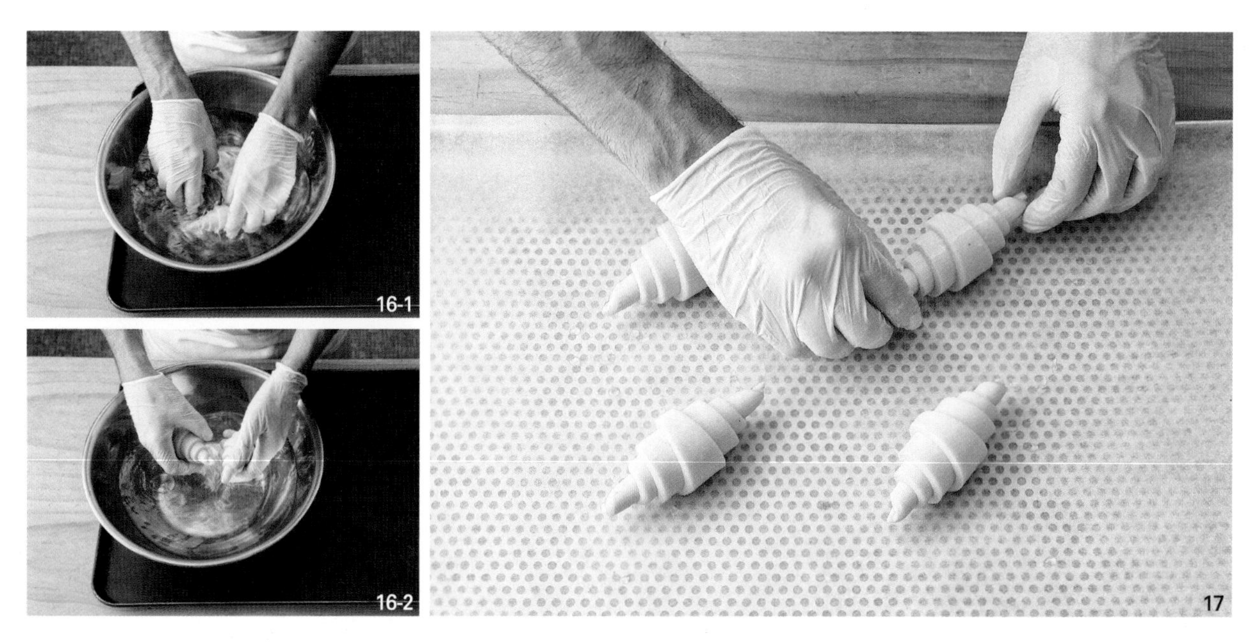
16-1
16-2
17

tip

강한 알칼리성인 가성소다 용액을 다룰 때는 피부에 직접 닿지 않게 반드시 비닐장갑 등을 끼고 주의해서 작업해야 한다.

마무리

19 펄솔트를 뿌린다.

20 윗불 210℃, 아랫불 200℃ 데크 오븐에서 18분 동안 구운 다음 댐퍼를 열고 14분 동안 더 굽는다.

tip. 설탕의 양이 적기 때문에 클래식 크루아상보다 높은 온도에서 굽는다.

소시지 머스터드 크루아상

Croissant saucisse-moutarde

짭짤한 소시지와 머스터드 가르니튀르를 넣은 살레 크루아상이다.
식은 소시지 머스터드 크루아상은 먹기 전에 오븐에 살짝 넣어 데우면 훨씬 바삭하고 맛있다.
살레 크루아상(Croissant salé)의 살레(salé)는 '짭짤한'이라는 뜻의 프랑스어이다.
클래식 크루아상에 비해 설탕의 양이 적고 물 대신 우유를 사용해 담백하면서도 고소하다.

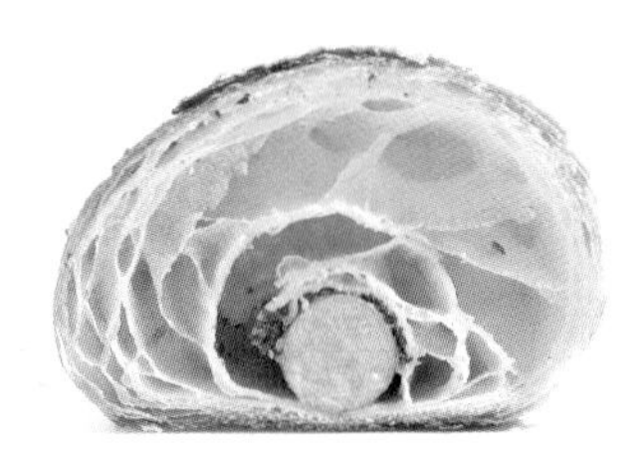

개수 30개 분량 | **접는 횟수** 3절 1회×4절 1회 | **버터 층** 12겹

ingredients

-

[가르니튀르]
소시지 30개
홀그레인 머스터드 150g

[살레 크루아상 반죽]
강력분 750g
프랑스밀가루(트레디션T65) 250g
우유 580g
소금 20g
설탕 80g
생이스트 45g
버터 125g
충전용 버터 500g

[마무리]
달걀물 적당량
슈레드 그뤼에르치즈 300g

가르니튀르

1 소시지 양끝에 십자 모양으로 칼집을 넣은 다음 냉장 보관한다.

tip. 소시지는 반죽 밑변보다 조금 더 긴 것을 준비한다. 구웠을 때 반죽 밖으로 살짝 나오는 것이 보기에 좋다.

1

살레 크루아상 반죽

2 믹싱부터 성형 이전까지는 p.16 클래식 크루아상 기본 반죽 만들기 공정 ①~㉜와 동일하다.

tip. 살레 크루아상 반죽은 925g씩 두 덩어리로 분할한 다음 각각 250g의 충전용 버터를 넣어 접는다.

3 밑변 9㎝, 높이 28㎝ 삼각형 15개를 재단한 다음 밑변 가운데에 1㎝ 정도의 칼집을 낸다.

tip. 925g 반죽 한 개당 15개, 총 30개가 나온다.

마무리

4 반죽의 밑변 가까이에 짤주머니에 담은 홀그레인 머스터드를 개당 5g씩 짠다.
5 머스터드 위에 ①의 소시지를 1개씩 올린다.
6 칼집 낸 밑변 반죽을 양옆으로 살짝 당기면서 둥글게 말아 크루아상 모양으로 성형한다.

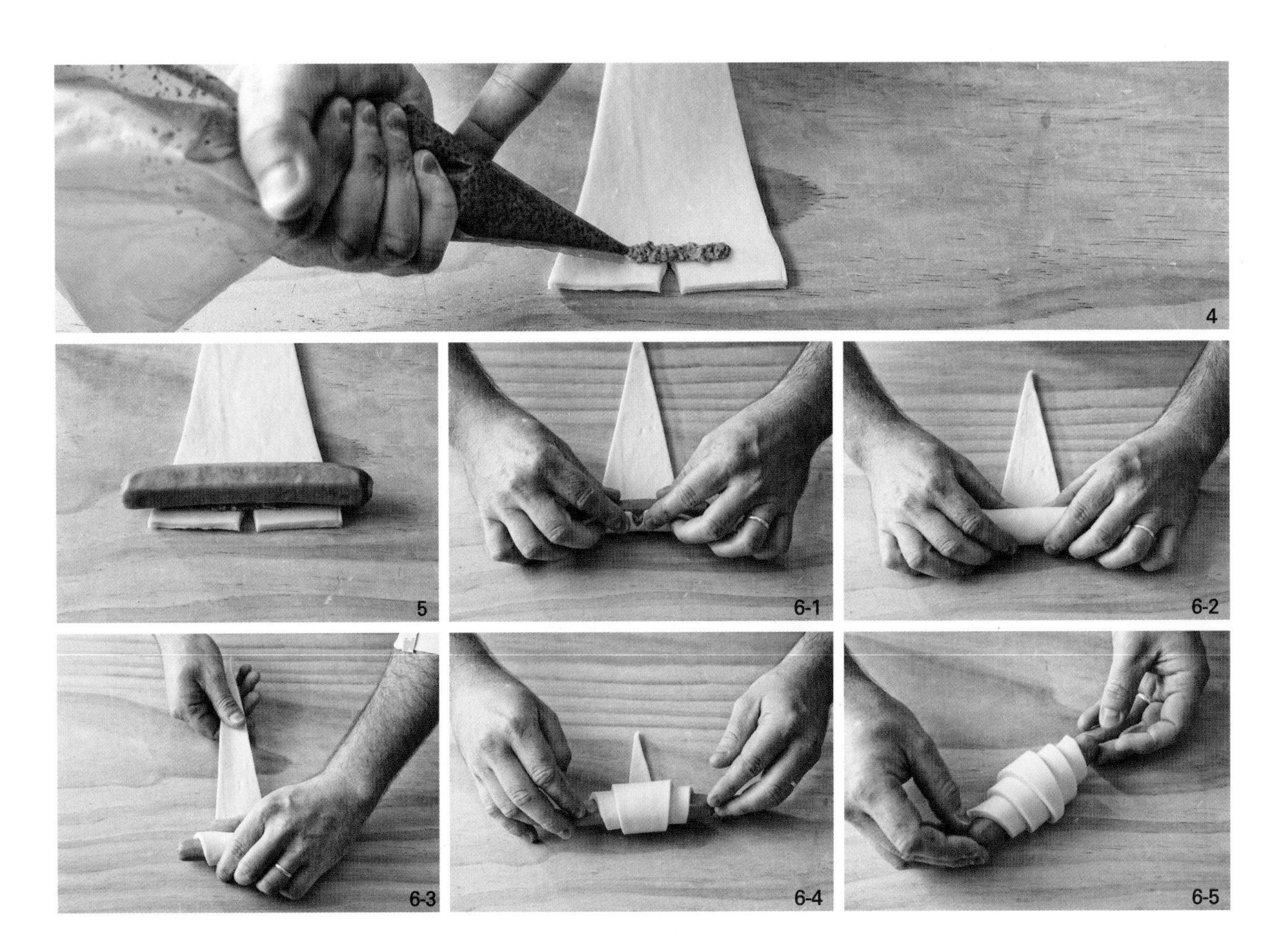

8

7 유산지를 깐 철판 위에 반죽 끝이 바닥을 향하도록 팬닝한다.

8 붓으로 달걀물을 바르고 온도 27℃, 습도 70~80% 발효실에서 약 2시간 30분 동안 발효시킨다.

tip. 달걀물 분량 및 공정은 p.31 참조.

tip. 달걀물은 버터 층 단면에 흘러내리지 않을 정도로 얇고 가볍게 바른다.

9 붓으로 달걀물을 한 번 더 바른다.

tip. 달걀물을 두 번 바르면 구웠을 때 윤기가 잘 나고 먹음직스러운 갈색이 된다. 또한 표면의 수분감을 유지시켜 최적의 작업 조건을 갖출 수 있다.

10 슈레드 그뤼에르치즈를 개당 10g씩 올린다.

11 데크 오븐의 경우 윗불 210℃, 아랫불 200℃, 컨벡션 오븐의 경우 175℃에서 16분 동안 굽는다.

tip. 클래식 크루아상에 비해 설탕의 양이 적기 때문에 더 높은 온도에서 구워야 먹음직스러운 색상이 나온다.

9

10

햄&버섯 크루아상

Croissant jambon-béchamel aux champignons

베샤멜 소스의 양송이 볶음과 햄을 넣은 살레 크루아상이다.
미리 만들어 둔 가르니튀르를 햄으로 잘 감싸 말아야 구울 때 흘러나오지 않는다.

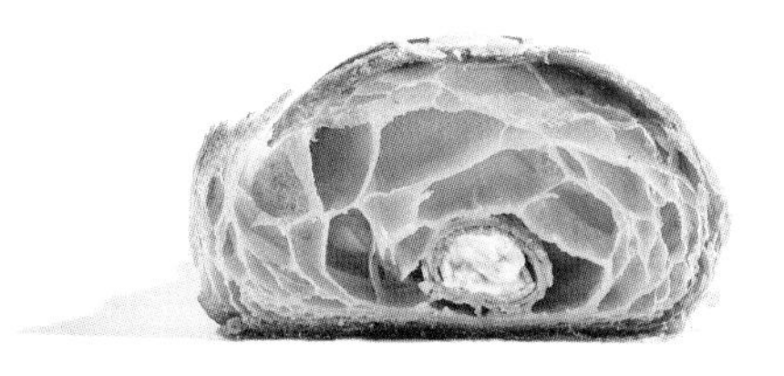

개수 30개 분량 | **접는 횟수** 3절 1회×4절 1회 | **버터 층** 12겹

ingredients

-

[양송이버섯 볶음]
양송이버섯 240g
버터 16g

[베샤멜 소스]
버터 80g
프랑스밀가루(트레디션T65) 60g
우유 600g
소금 4g
후추 2g
양송이버섯 볶음 140g

[살레 크루아상 반죽]
강력분 750g
프랑스밀가루(트레디션T65) 250g
우유 580g
소금 20g
설탕 80g
생이스트 45g
버터 125g
충전용 버터 500g

[마무리]
달걀물 적당량
사각 슬라이스햄 60장
슈레드 그뤼에르치즈 300g

양송이버섯 볶음

1 양송이버섯 볶음의 재료를 준비한다.
2 양송이버섯의 껍질을 벗기고 깍둑썰기한다.
3 프라이팬을 불에 올리고 버터를 녹인 다음 ②를 넣고 중불에서 3분 동안 볶는다.
4 냉장 보관한다.

1

ready

-

버터, 양송이버섯

3

베샤멜 소스

5 베샤멜 소스 재료를 준비한다.

6 냄비를 불에 올리고 버터를 녹인 다음 밀가루를 넣어 거품기로 섞으면서 루를 만든다.

tip. 루(Roux)는 밀가루와 버터로 만들며 화이트 소스의 베이스가 된다.

tip. 밀가루를 넣은 다음 덩어리가 생기지 않도록 골고루 섞어주며 끓인다.

tip. 모든 화이트 소스의 기본으로 통하는 베샤멜 소스(Sauce béchamel)는 부드럽고 크림 같은 맛이 강하다.

7 우유를 조금씩 부으면서 거품기로 루를 풀어준다.

8 중불에서 거품기로 저어가며 약 5분 동안 끓인다.

9 크림을 거품기로 떴을 때 약간 묵직하게 흘러내리는 정도의 묽기가 되면 불에서 내린다.

5

ready

-

우유, 버터, 프랑스밀가루(트레디션T65), 소금+후추, 양송이버섯 볶음

6-1

6-2

7

8

9

10 소금, 후추, ④의 양송이버섯을 넣고 고무주걱으로 섞는다.
11 짤주머니에 담고 직사각형 실리콘 몰드에 개당 25g씩 30개를 짠 다음 냉동고에서 굳힌다.
12 완전히 굳으면 몰드를 제거하고 트레이에 담아 냉동 보관한다.

실리콘 몰드 사이즈(개당) 85×17×15㎜

살레
크루아상 반죽

13 믹싱부터 성형 이전까지는 p.16 클래식 크루아상 기본 반죽 만들기 공정 ①~㉜와 동일하다.

tip. 살레 크루아상 반죽은 925g씩 두 덩어리로 분할한 다음 각각 250g의 충전용 버터를 넣어 접는다.

14 밑변 9㎝, 높이 28㎝ 삼각형으로 15개를 재단한 다음 밑변 가운데에 1㎝ 정도의 칼집을 낸다.

tip. 925g 반죽 한 개당 15개, 총 30개가 나온다.

마무리

15 도마 위에 햄 1장을 마름모꼴로 올리고 그 위에 ⑫의 가르니튀르 1개를 올린다.

16 햄 양옆을 가운데로 모아 접고 단단하게 돌돌 만다.

17 다른 1장의 햄으로 다시 한 번 단단하게 말아준다.

tip. 햄으로 잘 감싸 구워야 베샤멜 소스가 흘러나오지 않는다.

18 반죽의 밑변 가까이에 ⑰의 가르니튀르 1개를 올린다.

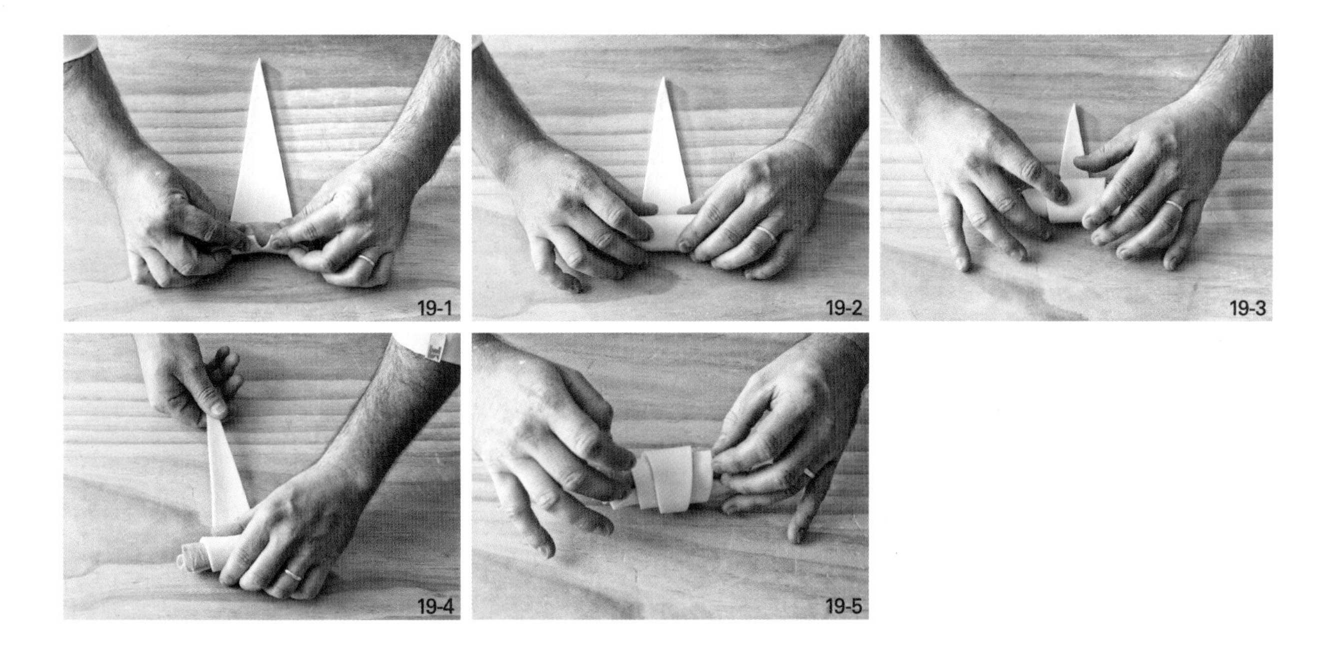

19 칼집 낸 밑변 반죽을 양옆으로 살짝 당기면서 둥글게 말아 크루아상 모양으로 성형한다.

20 유산지를 깐 철판 위에 반죽 끝이 바닥을 향하도록 팬닝한다.

21 붓으로 달걀물을 바르고 온도 27℃, 습도 70~80% 발효실에서 약 2시간 30분 동안 발효시킨다.

tip. 달걀물은 버터 층 단면에 흘러내리지 않을 정도로 얇고 가볍게 바른다. 달걀물 분량 및 공정은 p.31 참조.

22 붓으로 달걀물을 한 번 더 바른다.

23 슈레드 그뤼에르치즈를 개당 10g씩 올린다.

24 데크 오븐의 경우 윗불 210℃, 아랫불 200℃, 컨벡션 오븐의 경우 175℃에서 16분 동안 굽는다.

tip. 클래식 크루아상에 비해 설탕의 양이 적어 더 높은 온도에서 구워야 먹음직스러운 색상이 나온다.

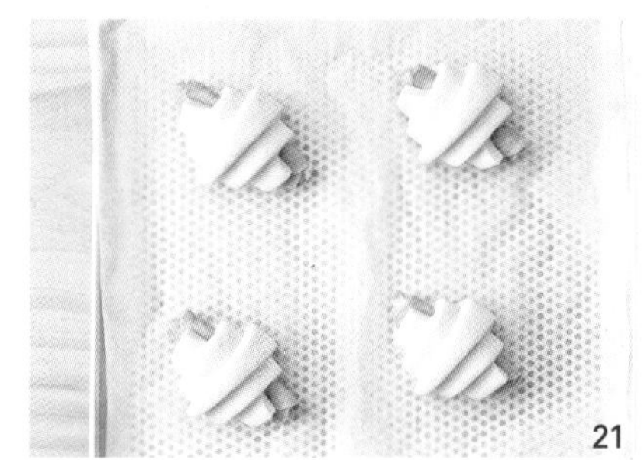

치킨 커리 투톤 크루아상

Croissant bicolore poulet curry

커리로 맛을 낸 닭가슴살과 크랜베리 가르니튀르를 넣은 투톤 살레 크루아상이다.
구울 때 색이 변할 수 있으므로 다른 크루아상보다 낮은 온도에서 굽는 것이 포인트이다.

개수 30개 분량 | **접는 횟수** 3절 1회×4절 1회 | **버터 층** 12겹

ingredients

-

[치킨 커리&크랜베리 가르니튀르]
닭고기 280g
크림치즈 580g
커리파우더 8g
건크랜베리 32g

[커리 투톤 반죽]
살레 크루아상 반죽 250g
(충전용 버터를 제외한
1,850g의 반죽 중 250g 사용)
강황파우더 2g
코코아파우더 2g
버터 8g
프랑스밀가루(트레디션T65) 8g

[살레 크루아상 반죽]
강력분 750g
프랑스밀가루(트레디션T65) 250g
우유 580g
소금 20g
설탕 80g
생이스트 45g
버터 125g
충전용 버터 500g

[마무리]
시럽 적당량

치킨 커리&
크랜베리
가르니튀르

ready

-

크림치즈, 닭고기, 건크랜베리, 커리파우더

1 치킨 커리&크랜베리 가르니튀르 재료를 준비한다.

2 볼에 모든 재료를 넣고 고무주걱으로 섞는다.

tip. 닭고기는 삶아서 깍둑썰기한 다음 280g을 계량한다.
여기서는 닭가슴살을 사용했지만 다른 부위라도 상관없다.

tip. 크림치즈는 중탕으로 데워 포마드 상태로 만든 다음 다른 재료와 섞는다.

3 개당 30g씩 30개로 분할하고 6cm 길이의 소시지 모양으로 만들어 냉장 보관한다.

커리
투톤 반죽

4 커리 투톤 반죽 재료를 준비한다.
5 스탠드 믹서볼에 커리 투톤 반죽의 모든 재료를 넣고 비터로 균일하게 섞은 다음 반으로 나눈다.
6 작업용 비닐 위에 반죽을 각각 올리고 비닐을 약 18×18㎝ 크기로 접는다.
7 밀대를 이용해 균일한 두께로 밀어 편다.
8 냉장 보관한다.

4

ready

-

버터, 프랑스밀가루(트레디션T65),
살레 크루아상 반죽, 코코아파우더, 강황파우더

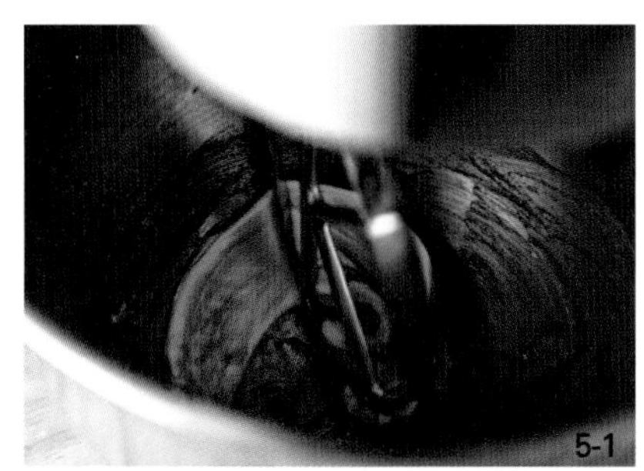
5-1

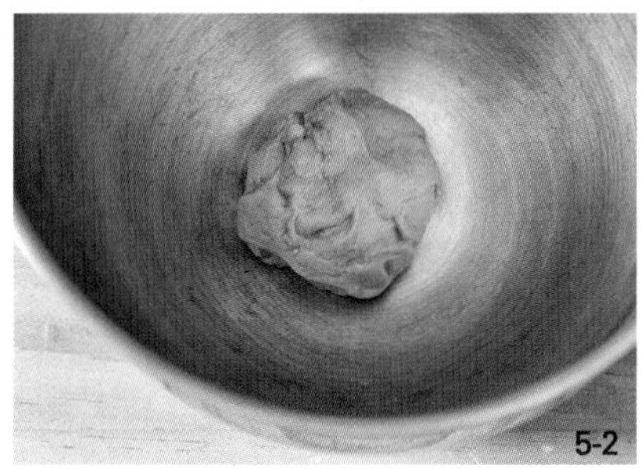
5-2

7

살레 크루아상 반죽

9 믹싱부터 성형 이전까지는 p.16 클래식 크루아상 기본 반죽 만들기 공정 ①~㉖과 동일하다.

tip. 투톤용 반죽 250g을 뺀 나머지 반죽을 800g씩 두 덩어리로 분할한 다음 각각 250g씩 충전용 버터를 넣어 접는다.

10 ⑧의 커리 투톤 반죽 비닐의 윗면을 조심스럽게 벗긴 다음 ⑨의 반죽을 올린다.

tip. 차가운 상태에서 작업하는 것이 편리하기 때문에 커리 투톤 반죽은 사용 전까지 냉장 보관한다.

11 손바닥으로 눌러가면서 두 반죽을 붙인 다음 비닐째 뒤집는다.

12 손바닥으로 문지르면서 투톤 반죽을 한 번 더 밀착시킨다.

13 윗면의 비닐을 제거하고 -18℃ 냉동고에서 20분, 1℃ 냉장고에서 20분 동안 휴지시킨다.

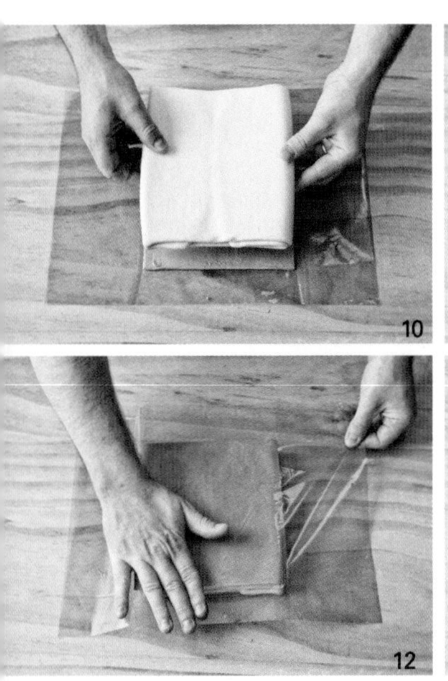
10
12

11

13-1

13-2

14 파이롤러를 이용해 반죽을 50×28㎝ 직사각형으로 밀어 편 다음
1℃ 냉장고에서 약 20분 동안 휴지시킨다.

15 다시 파이롤러를 이용해 두께 3.5㎜, 77×28㎝ 직사각형으로 밀어 편다.

16 아래위 테두리를 얇게 잘라내고 밑변 9㎝, 높이 28㎝ 삼각형 15개를 재단한다.
tip. 800g 반죽 한 개당 15개, 총 30개가 나온다.

17 밑변 가운데에 1㎝ 정도의 칼집을 낸다.

마무리

18 커리 투톤 반죽이 바닥에 오도록 놓고 ③의 가르니튀르 1개를 올린다.

19 칼집 낸 밑변 반죽을 양옆으로 살짝 당기면서 반죽 양끝으로 가르니튀르를 감싼다.

tip. 오븐에서 구울 때 녹아 나와 탈 수 있으므로 가르니튀르를 반죽 양끝으로 감싸 말아준다.

20 반죽을 밑변부터 둥글게 말면서 크루아상 모양으로 성형한다.

tip

성형할 때 클래식 크루아상보다
조금 덜 늘이고 조금 더 조심스럽게 말아야 한다.
당기는 힘에 의해 커리 투톤 반죽의 층이 얇아져
찢어질 수 있기 때문이다.

21 유산지를 깐 철판 위에 반죽 끝이 바닥을 향하도록 팬닝한다.

22 온도 27℃, 습도 70~80% 발효실에서 약 2시간 30분 동안 발효시킨다.

23 160℃ 컨벡션 오븐에서 18분 동안 굽는다.

tip. 구울 때 투톤 반죽의 색이 변할 수 있으므로 다른 크루아상보다 낮은 온도에서 굽는다.

24 오븐에서 꺼내자마자 붓으로 시럽을 가볍게 바른다.

tip. 뜨거울 때 바르면 크루아상의 잔열에 의해 시럽이 건조되면서 광택과 바삭함이 오래간다.
식은 뒤에 바르면 시럽 상태 그대로 끈적하게 남는다.

tip. 시럽 분량 및 공정은 p.31 참조.

모르네이 소스를 곁들인 햄 크루아상

Croissant jambon-sauce mornay

아몬드 크루아상과 함께 남은 크루아상을 재활용할 수 있는 응용 제품이다.
보통의 크루아상보다 조금 더 구워 수분을 날려주면 소스를 짜서 구울 때 납작해지지 않는다.

개수 30개 분량

ingredients

-

[모르네이 소스]
버터 210g
프랑스밀가루 T65 140g
우유 1,400g
소금 8g
후추 4g
노른자 66g
슈레드 그뤼에르치즈 152g

[마무리]
전날 구운 살레 크루아상 30개
사각 슬라이스햄 30장
슈레드 그뤼에르치즈 적당량

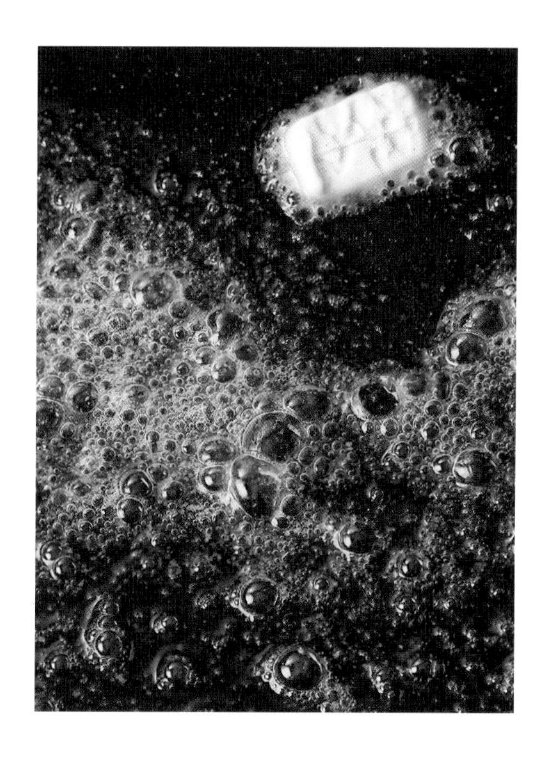

모르네이 소스

1 모르네이 소스 재료를 준비한다.

2 냄비를 불에 올리고 버터를 녹인 다음 밀가루를 넣어 거품기로 섞으면서 루를 만든다.

tip. 루(Roux)는 밀가루와 버터로 만들며 화이트 소스의 베이스가 된다.

tip. 밀가루를 넣은 다음 덩어리가 생기지 않도록 골고루 섞어주며 끓인다.

tip. 베샤멜 소스에 노른자와 치즈를 넣으면 모르네이 소스(Sauce mornay)가 된다.

3 우유를 조금씩 부으면서 거품기로 루를 풀어준다.

4 중불에서 거품기로 저어가며 약 5분 동안 끓인다.

5 불을 끄고 소금, 후추를 넣어 고무주걱으로 섞은 다음 식힌다.

6 볼에 옮겨 담고 노른자, 슈레드 그뤼에르치즈를 넣고 섞는다.

7 냉장 보관한다.

베샤멜 소스 1-1

모르네이 소스 1-2

ready

-

베샤멜 소스 : 우유, 버터, 프랑스밀가루, 소금+후추

모르네이 소스 : 베샤멜 소스, 노른자, 슈레드 그뤼에르치즈

2-1

2-2

3

4

6

마무리

8 빵칼로 살레 크루아상을 반으로 슬라이스한다.

tip. 햄 크루아상에 사용하는 살레 크루아상은 충분히 잘 구운 다음 냉장고에 하룻밤 보관하는 것이 중요하다. 차가운 곳에서 수분이 적당히 날아가면서 단단해지기 때문에 모르네이 소스를 짜서 구웠을 때 소스 무게에 의해 주저앉지 않는다.

9 납작한 모양깍지를 넣은 짤주머니에 ⑦의 모르네이 소스를 담는다.

10 ⑧의 바닥 부분에 ⑨의 모르네이 소스를 개당 40g씩 펼쳐 짠다.

8

10

11 슬라이스햄 1장을 가운데 올린다.

12 햄 위에 모르네이 소스를 개당 10g씩 한 줄로 길게 짠다.

13 ⑧의 뚜껑 부분을 ⑫ 위에 덮는다.

14 모르네이 소스를 개당 10g씩 윗면에 한 줄로 길게 짜고 슈레드 그뤼에르치즈를 충분히 올린다.

15 160℃ 컨벡션 오븐에서 10분 동안 굽는다.

보다 완벽한 크루아상을 만들기 위한

도구 Les outils

작업대

크루아상을 만드는 작업대는 온도 변화가 심하지 않은 나무 또는 대리석이 좋다. 온도 변화에 민감한 스테인리스 작업대는 피하도록 한다.

칼

크루아상 재단을 위한 칼은 항상 잘 갈아서 사용해야 한다. 단면을 깨끗하게 잘라야 버터 층이 열려서 크루아상이 제대로 부풀어 오르기 때문이다.

나무판

보다 완벽한 크루아상을 만들기 위해서는 버터가 녹지 않게 작업하는 것이 무엇보다 중요하다. 숙련된 기술자라면 상관없지만 밀고 접는 데 시간이 오래 걸리는 초보자는 접을 때마다 냉장고에서 휴지시키는 것은 물론, 나무판을 냉동시켜가며 그 위에 작업을 하는 것이 좋다.

붓

달걀물칠을 하거나 시럽을 바르는 붓은 끝이 부드러우면서 탄력이 있어야 한다. 또한 털이 잘 빠지지 않아야 한다. 사용 후에는 바로 깨끗하게 씻어서 건조시켜야 오래 사용할 수 있다.

보다 완벽한 크루아상을 만들기 위한

재료 Les ingrédients

스페퀼로스 페이스트&쿠키

스페퀼로스 크루아상의 크림, 데커레이션에 사용하는 스페퀼로스 페이스트와 쿠키는 스페퀼로스의 맛을 간단하게 낼 수 있는 재료이다. 스페퀼로스는 시나몬파우더와 넛메그, 아니스, 생강 등의 향신료가 듬뿍 들어 있는 벨기에의 전통과자로, 우리에겐 커피와 함께 먹는 로투스 쿠키로 더 익숙하다. 스페퀼로스 페이스트와 쿠키는 대형마트에서 구입할 수 있다.

식용색소

산딸기 투톤 크루아상의 투톤 반죽에 사용하는 적색식용색소이다. 초콜릿색 투톤 반죽은 코코아파우더, 커리의 노란색 투톤 반죽은 강황파우더와 코코아파우더로 천연의 색을 내지만, 붉은색 투톤 반죽은 적색식용색소를 사용해야 선명한 붉은색을 낼 수 있다. 투톤 반죽의 크루아상은 색이 변할 수 있으므로 다른 크루아상에 비해 낮은 온도에서 굽는 것이 포인트이다. 식용색소는 제과재료전문업체에서 구입할 수 있다.

가성소다

라우겐 크루아상 특유의 맛과 향, 색을 낼 때 필요한 가성소다는 강한 알칼리성 재료이기 때문에 사용할 때는 반드시 일회용장갑 등을 끼고 주의해서 작업해야 한다. 알갱이 타입으로 미지근한 물에 잘 녹는다. 가능하면 전용 스테인리스 볼을 사용하고 사용 후에는 환기를 하도록 한다. 화공약품이나 비누 재료를 판매하는 매장과 인터넷 사이트에서 구입할 수 있다.

펄솔트

주로 브레첼에 사용하기 때문에 브레첼 소금이라고도 부른다. 짭조름한 소금 맛의 펄솔트는 입자가 크고 두꺼워서 오븐에 구워도 타지 않으므로 라우겐 크루아상에 토핑한 그대로 하얀 소금이 또렷하게 남는다. 제과재료전문업체에서 구입할 수 있다.

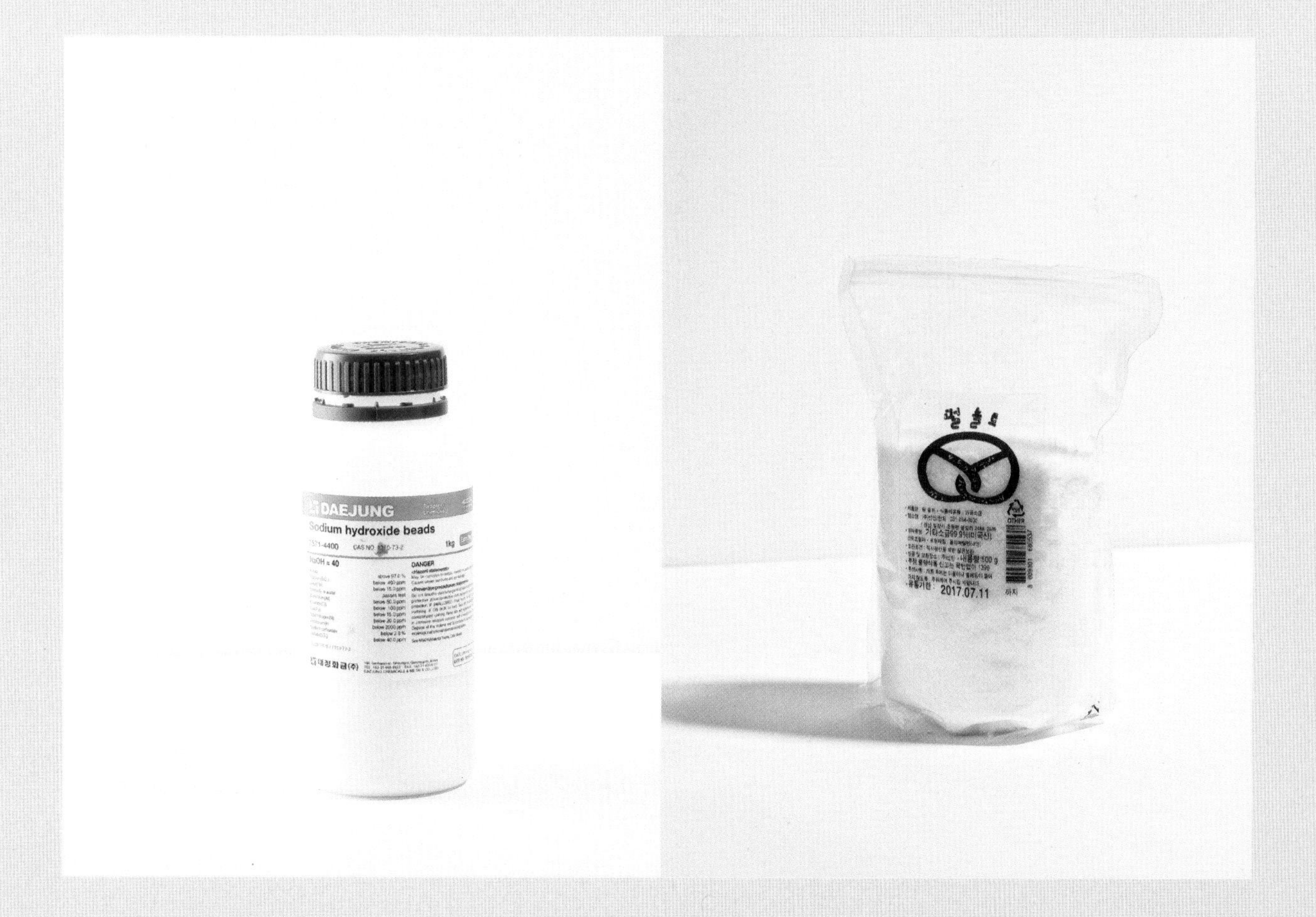

이렇게 맛있는

크루아상

Croissant

저 자 | 장 마리 라니오 · 제레미 볼레스터
발행인 | 장상원
편집인 | 이명원

초판 1쇄 | 2020년 2월 5일
6쇄 | 2023년 11월 2일

발행처 | (주)비앤씨월드 출판등록 1994.1.21 제 16-818호
주 소 | 서울특별시 강남구 선릉로 132길 3-6 서원빌딩 3층
전 화 | (02)547-5233 팩스 | (02)549-5235 홈페이지 | http://bncworld.co.kr
블로그 | http://blog.naver.com/bncbookcafe 인스타그램 | @bncworld_books
진 행 | 김상애, 권나영 디자인 | 박갑경 사 진 | 이재희

ISBN | 979-11-86519-29-5 13590

이 도서의 국립중앙도서관 출판예정도서목록(CIP)은 서지정보유통지원시스템 홈페이지
(http://seoji.nl.go.kr)와 국가자료종합목록 구축시스템(http://kolis-net.nl.go.kr)에서 이용하실 수 있습니다.
(CIP제어번호 : CIP2020002442)